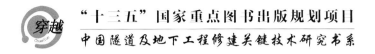

"十三五"国家重点图书出版规划项目

中国隧道及地下工程修建关键技术研究书系

大型地下空间工程建造关键技术研究

Daxing Dixia Kongjian Gongcheng Jianzao Guanjian Jishu Yanjiu

刘卡丁 主编

人民交通出版社股份有限公司

China Communications Press Co.,Ltd.

内 容 提 要

本书以深圳市益田中心广场地下停车库为项目依托,对地下超大型空间工程建造关键技术进行创新性地研究,包括深基坑控制泄排水抗浮机理研究、控制泄排水抗浮机理数值分析、工程设计及施工概述,并对环板支撑半逆作法、泄水反滤层施工工法进行深入研究,旨在实现控制泄排水抗浮风险管理、绿色施工与环境可持续发展等工程目标。

本书是作者对地下超大型空间问题多年的思考和总结,能够为读者展示一种全新的思考方式和思维模式。其既可以作为工程管理、项目管理、地下工程专业的本科生和研究生的教材和参考书,也可以作为各级政府和企事业单位从事工程管理、项目管理和财务管理工作的相关人员的参考资料。

图书在版编目(CIP)数据

大型地下空间工程建造关键技术研究／刘卡丁主编. —北京：人民交通出版社股份有限公司, 2017.4
ISBN 978-7-114-13740-2

Ⅰ.①大… Ⅱ.①刘… Ⅲ.①地下工程—工程技术—研究 Ⅳ.①TU94

中国版本图书馆CIP数据核字(2017)第069193号

书　　名：	大型地下空间工程建造关键技术研究
著 作 者：	刘卡丁
责任编辑：	李　坤
出版发行：	人民交通出版社股份有限公司
地　　址：	(100011)北京市朝阳区安定门外外馆斜街3号
网　　址：	http://www.ccpress.com.cn
销售电话：	(010)59757973
总 经 销：	人民交通出版社股份有限公司发行部
经　　销：	各地新华书店
印　　刷：	北京盛通印刷股份有限公司
开　　本：	787×1092　1/16
印　　张：	13.75
字　　数：	267千
版　　次：	2017年4月　第1版
印　　次：	2017年4月　第1次印刷
书　　号：	ISBN 978-7-114-13740-2
定　　价：	68.00元

(有印刷、装订质量问题的图书,由本公司负责调换)

地下停车库屋顶花园全景

建成后的地下停车库屋顶花园采光井

建成后的地下停车库屋顶花园一角

地下停车库屋顶游泳池

建成后的地下停车库

水处理循环过滤系统全景

环板支护下的基坑开挖

环板逆筑法支撑体系全景

环板支护下的主体结构施工全景

环板支护下的主体结构施工近景

本书编写人员

编委会主任：杨少林

编委会副主任：刘卡丁　骆汉宾　徐向明　肖世雄　张建华　张中安　李　勇

主　　　编：刘卡丁

副　主　编：张中安　覃亚伟　周　勇　刘国楠　皮月秋　李小青

参　　　编：（按姓氏笔画排序）

于德涌　王建明　叶　冲　毕翔宇　刘鲜艳
孙　波　孙钟秀　陈　智　陈　睿　李　广
李　腾　李平安　李炜明　李新国　杨　航
肖星球　张　波　张培胜　张　翼　周　诚
庞小朝　罗　星　罗晓明　胡卯阳　钟建国
郭桃明　顾问天　徐起万　莫志刚　袁　珏
崔　强　黄双胜　黄传兵　黄保宁　黄晓忠
蒋进波　彭　耀　曾　臻

本书编写单位

深圳地铁集团有限公司

华中科技大学

中国铁道科学研究院

深圳星蓝德工程顾问有限公司

中铁一局集团有限公司

序

我国在大力发展经济的同时应重视生态环境的保护,工程建设中应提倡多用智慧、少用资源。深圳市益田村地下停车库工程就是一个安全优质、低碳环保、节能减耗、节省投资、缩短工期的绿色建筑经典案例。

深圳市益田村停车库是地下两层钢筋混凝土结构,总建筑面积为 5.8 万 m^2,拥有 1500 个停车位。该地下工程是集无撑、无锚、无抗拔桩、无变形缝、环板逆筑、叠合结构、混凝土自防水于一体的成功案例。工程结算总造价为 3.1 亿元,比"可行性研究报告"中的预算节省 9500 万元,节省工期 10 个月,创造了很好的社会效益和经济效益。

杨少林时任深圳地铁三号线投资有限公司总经理,刘卡丁任总工程师,他们带领的建设团队以高度的社会责任感和敬业精神、优秀的职业操守和精湛的技术,为青年工程师树立了榜样,同时为我国地下工程界带来了上述经典之作。

本书通过对深圳市益田村地下停车库工程案例的分析,深入浅出地讲述了该工程的设计思想、技术理论和施工工艺,为相关领域的学术研究、技术传承和应用推广提供了非常有价值的参考。

特将本书推荐给遵循自然规律的年轻工程师、科研人员及专家学者。

中国工程院院士 龙仲衡

前 言

城市地下空间的综合开发利用已成为世界城市发展的共同选择,大型和超大型地下结构如雨后春笋般不断涌现,但是随之而来的是大型地下结构抗浮安全问题。传统被动式抗浮方法工艺复杂、投资大,并且存在众多技术难题,例如地下结构的耐久性和抗疲劳等方面的技术问题。因此,寻找新的绿色的抗浮方法已成为大型地下空间开发与利用亟待解决的重要课题。本书针对地下结构新的抗浮方法——泄排水抗浮方法,对其抗浮机理与抗浮理论分析计算体系、环板支撑半逆作法深基坑设计及施工、工程风险与质量控制、绿色施工与环境可持续发展等关键技术问题进行了系统研究。

本书前两章以深圳市益田村中心广场建设为项目背景,通过工期、全寿命周期费用等7个方面,系统全面地对比较常见的抗浮方法的特点,以及基于泄排水抗浮的机理进行深入分析探讨,总结出泄排水抗浮是一种节材、节能的绿色抗浮工艺和方法,并指出了该方法一般适用于弱透水层场地。

第3章通过泄排水减压机理研究并结合工程特点,确定了泄排水抗浮的主要设计参数为基础底部孔隙水压力水头等4个参数;基于地下水渗流理论,建立了泄排水抗浮渗流计算有限元模型;通过多种工况的渗流分析计算,优化确定了该工程的抗浮设计参数控制范围和设计值,并重点对抗浮设计中的两个关键问题(反滤层的设计和输排水系统水头损失)进行了深入探讨。

第4章根据中铁二院关于深圳市益田村中心广场地下停车库工程地质及水文地质详细勘察报告,进行泄排水抗浮设计及方案比选。通过益田基坑施工过程概述,提出益田基坑开挖施工原则、施工方案及基坑开挖应急措施。

第5章基于环板支撑半逆作法对土方开挖及盖挖逆作法施工过程进行概述,并通过益田项目对"半逆作"无撑无锚环板支撑体系的应用及施工工艺进行阐述。

第6章对泄水反滤层机理、施工工法及质量与安全控制进行了深入阐述。

第7章和第8章基于工程风险管理基本理论,提出了泄排水抗浮风险管理流程框架。通过有限元计算分析,识别和确定了泄排水抗浮失效风险指标;基于所建立的泄排水抗浮系统失效的故障树建模分析,找出了导致泄排水抗浮失效的所有可能的故障模式和发生的概率;根据重要度分析结果制定出了抗浮风险的控制对策,并对项目相关数据监测与管理进行工程实施效果实现与验证。

第9章分析了本项目的绿色施工与环境可持续发展特点,总结和提出了绿色施工的特点及应用价值,并通过对益田项目的无撑无锚节材减排、无抗拔桩节能节排及水资源综合利用,树立起践行绿色施工,力求节能减排,实现和谐发展的意识。

本书对地下结构泄排水抗浮方法的研究成果具有一定的理论意义和工程应用价值,可以为类似大型地下工程建设提供参考。

刘卡丁

目 录

第1章 地下超大型空间研究的背景、意义和主要技术路线 1
1.1 地下超大型空间技术研究的背景 1
1.2 地下结构抗浮技术研究现状 2
1.3 地下空间开挖与支护技术研究现状 7
1.4 本项目研究的主要内容和技术路线 10

第2章 深基坑控制泄排水抗浮机理研究 12
2.1 工程概况和周边环境 12
2.2 抗浮机理研究 13
2.3 常用抗浮方法研究 17
2.4 抗浮方案比较及选用 24

第3章 控制泄排水抗浮机理数值分析 27
3.1 车库运营期地下水泄水量和环境影响分析 27
3.2 反滤层的设计和输排水系统水头损失 44
3.3 结论 48

第4章 工程设计及施工概述 49
4.1 工程地质和水文地质 49
4.2 控制泄排水抗浮设计 54
4.3 益田基坑施工概述 60

第5章 环板支撑半逆作法深基坑综合研究 64
5.1 半逆作法概述 64
5.2 土方开挖及盖挖逆作法施工 74
5.3 益田项目"半逆作"无撑无锚环板支撑体系的应用 78
5.4 "半逆作"环板支撑体系施工工艺 85
5.5 施工照片 107

第6章 泄水反滤层施工工法研究 ··· 111
- 6.1 泄水反滤层施工特点 ··· 111
- 6.2 关键控制点和施工流程 ··· 115
- 6.3 机械设备 ··· 124
- 6.4 质量保证措施 ··· 125
- 6.5 施工安全措施 ··· 125
- 6.6 施工照片 ··· 127

第7章 控制泄排水抗浮风险管理研究 ··· 129
- 7.1 研究背景和主要内容 ··· 129
- 7.2 基坑工程风险管理概论 ··· 130
- 7.3 益田中心广场地下停车库建设全过程风险管理 ··· 134

第8章 工程实施效果 ··· 163
- 8.1 监测的主要目的 ··· 163
- 8.2 监测仪器、监测点布置图和控制值 ··· 163
- 8.3 监测工程的具体方法 ··· 167
- 8.4 监测数据管理和反馈 ··· 173
- 8.5 监测数据 ··· 174

第9章 绿色施工与环境可持续发展 ··· 179
- 9.1 绿色施工概述 ··· 179
- 9.2 绿色施工理论 ··· 181
- 9.3 益田项目可持续措施 ··· 187
- 9.4 施工照片 ··· 199

参考文献 ··· 201

第1章 地下超大型空间研究的背景、意义和主要技术路线

1.1 地下超大型空间技术研究的背景

随着我国城市化进程的加快,城市土地资源日趋紧张,交通日益拥挤。进入21世纪,我国许多城市,特别是大中城市,为充分利用地下空间,开始大量建设地铁、地下通道、地下商场等地下结构。城市地下空间开发利用已经成为提高城市容量、缓解城市交通拥挤、改善城市环境的重要手段,也逐渐成为建设资源节约型、环境友好型城市的重要途径。

大型城市地下综合体的特点是项目多、规模大、水平高。许多城市结合地铁建设、城市改造和新区建设,建设了规模宏大、功能齐全、体系完整的地下综合体,如北京中关村、北京南站、奥运中心区、上海世博园区、五角场、广州珠江新城、杭州钱江新城波浪文化城等。这些项目规模都在10万m^2以上,开发层数为3~4层,集交通、市政、商业于一体,内部环境优越,地上地下协调一致。

当前,我国政府提出了建设资源节约型、环境友好型社会的要求,城市地下空间开发利用越来越被重视。根据国务院已批复的《深圳市城市总体规划(2010—2020)》和深圳市已编制的《深圳市地下空间资源规划》,到2020年,深圳市实现规划新建项目地下化的比例为10%~15%;到2050年,深圳市实现规划新建项目地下化的比例达到20%以上。到2020年,我国不仅将成为世界城市地下空间开发利用的大国,也将成为世界城市地下空间开发利用的强国。

总之,地下空间的开发利用日渐成为城市发展的主要方向之一,大型的地下停车库、地下商业城、地下枢纽工程也越来越多。

受各方面因素的影响,部分地下结构工程在规划设计时没有考虑地面结构或上部荷载较小,使得其结构抗浮问题特别突出。如何在较小的投资下解决结构抗浮问题,又能减少对周边环境的影响,是大力发展地下空间必须面对的重要问题之一。同时,传统施工的多层地下室或地下结构的方法,一般是在建筑密集地区采用支护结构,但对于深度大的多层地下室或地下结构,用上述传统施工方法进行施工,存在一系列的问题。目前,大部

分地下结构工程是靠增加结构抗拔荷载或增加结构自身以及上部荷载等方法解决抗浮问题。本项目研究欲从减小结构受到的地下水浮力这个方向来解决大型地下结构工程的抗浮问题。

随着城市地铁的快速发展,在人流、车流密集的交通枢纽及相邻建筑物密集的环境中开挖地铁车站深基坑,不仅要求密切关注城市公共环境安全,同时应在保障施工环境需求的前提下尽可能减少对城市交通流的阻断与干扰。为此,盖板暗挖(半)逆作施工方法成为深基坑施工的首选。盖板既承受地表交通流荷载,又具有支护结构横向支撑作用,这使得盖板结构变形表现为承受上部荷载作用的挠曲变形及由横向支撑力所产生的压曲变形,因而盖板受力的力学响应及其对支护结构的影响成为支护结构设计应重点关注的问题。对于处在软土地区、建筑物密集的闹市区的深度大的多层地下室或地下结构的施工,本项目研究欲采用盖挖逆作法施工解决深基坑开挖支护问题。

1.2 地下结构抗浮技术研究现状

1.2.1 地下水浮力计算

地下结构的浮力计算至今仍是一个值得讨论的问题,学术界及工程界通过理论分析、室内试验和现场实测得到的结论不尽相同。

(1)地下水浮力的荷载分类

目前我国各种规范和规程关于地下水作用的荷载分类没有统一,《建筑结构荷载规范》(GB 50009—2012)第4.0.1条将地下水压力划为永久荷载,但条文说明第1.0.5条规定"地下构筑物的水压力和土压力由《给水排水工程构筑物结构设计规范》(GB 50069—2002)规定"。但《给水排水工程构筑物结构设计规范》(GB 50069—2002)第4.1.3条将地下水的压力(侧压力、浮托力)划为可变荷载。地下结构设计常用的《地铁设计规范》(GB 50157—2003)第10.2.1条把水浮力划为永久荷载。不同规范对水浮力的荷载分类不同,导致水浮力分项系数取值存在不一致的问题。与我国现行规范相比,欧洲规范有关地下水作用考虑得更全面和细致。欧洲结构规范《结构设计基本原理》(EN 1990:2002)第4.1.1(3)条和《结构上的作用》(EN 1991—1—6:2005)第4.9(2)条将水作用看作永久荷载或可变荷载,并给出其判断准则和不同情况下的荷载组合要求,并且《岩土工程设计规范》(EN 1997—1:2004)规定在某些情况下的极端水压力可看作偶然荷载。

(2)地下水浮力的计算

现有规范、规程中地下结构基底浮力压强的计算,大都采用基于静水压强公式,即

$$p = \eta \gamma_w H \tag{1-1}$$

式中：p——构筑物基础底面上的浮托力标准值（kN/m^2）；

η——浮托力折减系数；

γ_w——水的重度（kN/m^3）；

H——地下水抗浮设计水头值（m）。

地下水浮力的计算主要问题集中在如何科学确定弱透水层中水浮力折减系数和抗浮设计水头值H。

①水浮力折减系数。

国内不同的规范对折减系数有不同的规定，《岩土工程勘察规范》（GB 50021—2001）第7.3.2-1条及其条文说明、《高层建筑岩土工程勘察规程》（JGJ 72—2004）第8.6.5条、《地铁设计规范》（GB 50157—2003）第10.2.3条均规定地下结构所受的浮力在渗透性系数较小的黏性土地基中可以根据当地经验适当折减。而《给水排水工程构筑物结构设计规范》（GB 50069—2002）第4.3.3-4条规定，地下结构所受的浮力在砂土和黏土地基中均不考虑折减。并且所有规范、规程及前述欧洲规范均未给出渗流作用对地下水浮力影响的计算方法，仅《岩土工程勘察规范》（GB 50021—2001）第7.3.2-1条指出："地下水的水头和作用宜通过渗流计算进行分析评价"。

学术界及工程界对地下水浮力折减系数的看法也不统一。张欣海讨论了深圳地区地下建筑物抗浮设计水位的取值及浮力折减系数问题，认为基底位于弱含水层时可考虑浮力折减系数。杨瑞清和朱黎心提出考虑浮力折减系数的基底及地下室外墙水压力取值，并给出了各种地下水类型及地基条件下的浮力折减经验系数。叶树人提出抗浮设计可根据地下建（构）筑物下黏性土地基的渗透性差异不同，选用0.16~0.18最高水位折减系数。周朋飞通过室内模拟试验研究和建筑场地孔隙水压力原位测试试验结果提出，当结构基础底部处于较厚黏土层时，水浮力折减系数可根据具体情况取0.6~0.8。但是另外一批研究者提出不同的观点，张第轩通过一系列室内试验结果得出，在无渗流作用下砂土地基中的实测起浮水位与理论水位一致，而在黏土中略有滞后，但折减程度小于10%，提出对地下结构进行抗浮设计时不需考虑水浮力折减系数。同济大学向科、崔岩和崔京浩通过室内试验也得出类似结论。此外，张在明、李广信和张竹庭等学者提出，应考虑地下水的赋存形态、地下水流动及是否存在室外排水设施，通过渗流计算确定地下水的浮力。

②抗浮设计水头值H。

抗浮设计水头值是根据抗浮设防水位确定的，抗浮设防水位一般是指建筑结构运营过程中基础所在地下水层可能出现的最高水位，地下室抗浮评价计算所需的、保证抗浮设防安全和经济合理的场地地下水水位。抗浮设防水位是很重要的设计参数，但很多情况下要科学地预测地下水位长期的变化和合理地确定抗浮设计水位存在着很大的难度。杨瑞清和朱黎心、李广信、李胜勇和韩华、雷波、黄志仑、何翠香等学者结合本地工程实践经验,探讨了抗浮设防水位的合理选取方法。目前比较先进的做法是北京市勘察设计研究院通过建立地理信息系统(GIS)和地下水信息管理系统(GWIMS),运用基于滑动平均模型[(ARMA(n,m)],预测和确定北京市建筑抗浮设计水位,取得了良好的经济效益和社会效益;欧洲规范《EN 1997—2:2007》附录 C 也提供了一个基于模型和长期观测资料来预测地下水位的实例。抗浮设防水位是很重要的设计参数,抗浮设防水位的确定受多种自然因素(气候、水文地质)和社会因素(城市建设、市政管网的规划和运行状况、地下水开采、上下游水量调配、跨流域调水)的影响,是一个正在发展中的领域及课题。

由上述文献综述可见,无论是理论分析还是工程实测都表明,传统的按基于静水压强公式计算地下水浮力的方式存在缺陷。地下水作用的实质是土体中的孔隙水压力,必须考虑地下水的赋存状态和渗流,从地下水—土体—地下结构及周边环境复杂相互作用模型结构入手,进行基底水浮力计算。

1.2.2 地下水的渗流

岩土工程所涉及的地下水渗流问题,主要是研究地下水在多孔介质中运动的基本规律。随着工程的发展,地下水渗流受到国际工程界和学术界的高度重视。自从 1865 年法国工程师 Darcy(1803—1858)通过垂直圆管中的沙土透水性渗流试验,建立了多孔介质渗流基本定律——达西定律,经过 DuPuit、Joukowski、Boussinesq、Charles Theis、Ilasao Bcram、Jacob、Hantuush、Neuman 等学者多年的努力,到 20 世纪,地下水渗流已逐步发展成为具有自己理论体系、方法和应用范围的独立学科。国内外学者在渗流理论的基础上,进行了大量岩土体渗流及渗流与变形分析研究。

近些年来,在理论研究方面,自从 Biot 提出了著名的考虑饱和土体固结过程中孔隙水压力消散和土骨架变形之间作用的三维固结理论之后,Zienkiewicz 和 Shiomi 在此基础上提出了考虑岩土体非线性问题的改进 Biot 公式。Warrent 和 Sman 分别提出了岩土双重介质渗流问题和三重介质渗流模型。李锡夔探讨了考虑孔隙水影响的二相饱和土体介质非线性问题,并以此为基础编制了土体与结构相互作用动力分析程序。由于工程实践中所遇到的岩土体,大多数是以非饱和状态存在的,即土颗粒孔隙中既含有水,又含有气体,因此岩土非饱和渗流性能研究成为热点问题。Bishop 将经过改进的有效应力原理用于非饱和多孔介质中,提出非饱和土有效应力的概念,并用其解决非饱和土的工程问题。加拿大著名学者 Fredlund 先后开展了一系列的非饱和土性能研究,提出了一维和三维非饱和土渗流固结方程。Alonso 根据非饱和土的变形特征提出了描述膨胀土体积和剪切变形的本构模型。国内许多学者也对非饱和土固结理论做出重要贡献,例如陈正汉提出了被国内外学者称为"陈正汉理论"的非饱和土固结理论,并推导出非饱和土有效应力表达式。

受边界条件的约束,除少数特定情况外,岩土渗流问题一般情况下很难求出解析解,随着计算机技术的发展和普及,渗流场的数值解法显示出强大的生命力。Zienkiewicz 在 1965 年首次创造性地将有限单元法用于非均匀各向异性介质的二维稳定渗流计算分析,Neuman 在 1973 年用 Galerkin 法求解饱和与非饱和多孔介质非稳态渗流问题。Lam 和 Fredlund 利用所编制的渗流有限元分析程序 TRASEE,较完整地论述了饱和—非饱和岩土渗流规律及其控制方程。目前,地下水流计算常用的数值方法有有限差分法(FDM)、有限单元法(FEM)、边界元法(BEM)、有限分析法(FAM)等,其中最常用的方法为有限差分法和有限单元法。与此同时,相关地下水渗流专业分析软件也得到了快速的发展和广泛应用。国际岩土界享誉盛名的有加拿大 Fredlund 教授研发的 GeoStudio 系列软件中的 SEEP/W(二维有限元渗流分析)和 SEEP3D (三维有限元渗流分析),美国地质调查局(USGS)开发的三维有限差分地下水数值模拟软件 MODFLOW,德国 WASY 公司有限元地下水数值模拟软件 FEFLOW 等。

近年来,随着核废料深理处理工程、深部采矿工程、深海石油开发等深度岩石力学的发展,渗流场、温度场、应力场、化学场等多场耦合的机理模型和数值计算成为研究热点,国际上也对此开展了多项重大科研合作研究项目,例如 DECOVALEX(耦合模型及其试验与验证的示范)项目。

1.2.3 工程抗浮措施

当前在大型地下结构工程上比较常用的永久性抗浮措施有:配重法、抗浮锚杆(索)、抗浮桩等。

除国家体育馆曾通过室内回填首钢工业固体废物(钢渣混合料)采用配重法抗浮等工程外,地下水浮力较大的地下结构设计一般采用抗浮锚杆(索)、抗浮桩工程措施。但是作为永久性结构的构件时,腐蚀和蠕变是抗浮锚杆(索)比较难解决的问题;抗浮桩的施工费用较高,由于承受拉力且长期处于起伏变化的地下水位以下,所以也存在耐久性问题。因此,工程抗浮是一个有很大发展空间的领域,必须不断探索新的抗浮体系及理论计算体系。永久性降排水抗浮方法作为一种新的抗浮体系进入人们的视野。

20 世纪中叶,减压井、排水沟等排渗措施在国内外堤防及水坝等水工结构防渗工程中得到广泛应用。在土木工程领域,1993 年 Chang 在美国申请了地下水筏基减压结构设计专利。其主要构想就是在筏板基础底部设置一个人工排水结构系统,使弱透水性土体中的孔隙水产生渗流,从而降低基础底部地下水浮力,该系统由倒滤层、格子状排水管网以及抽排水管路系统组成,如图 1-1 所示。1996 年 Chang 提出了使用土工织物作为滤水层的筏基减压工法,并通过台北一个典型工程的案例分析,证实了该工法的合理性和可靠性。2001年Wong通过地下结构抗浮机理研究及常用工程抗浮措施的比较,介绍了排水抗浮系统的设计、系统运行的费用及对周边环境建筑物的影响,并通过新加坡一个典型案例(Raffles City complex),探讨了排水抗浮方法的特点及适用范围。2006年Shin等通过室内试验和有限元数值分析证明,基底土工排水系统对地下结构抗浮十分有效。

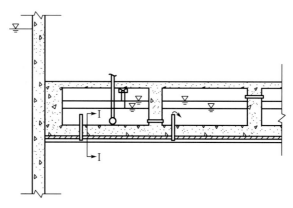

图1-1 地下水筏基减压结构设计

我国上海最早开始在高桥地下热电厂、真北路立交工程(1982年建成的)和地铁新客站等工程使用砂石构成的倒滤层排水方法抗浮。在20世纪90年代开始从国外引进排水抗浮法的改良技术——大面积静力释放层的施工技术,并用于上海金茂大厦裙房基础抗浮设计施工。2000年以后,排水抗浮方法逐渐在福田综合交通枢纽南北配套设施建设等项目中得到应用。

由中国京冶工程技术有限公司总包的新加坡环球影城项目也采用了泄水抗浮方法。如图1-2所示,该项目抗浮系统由两个子系统组成:排水减压子系统和泄压安全控制子系统。在地下室底板下设置倒滤层(砂石和土工布构成)、高分子防水层和混凝土垫层。

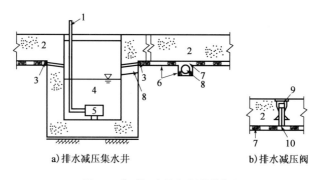

a) 排水减压集水井　　　b) 排水减压阀

图1-2 集(排)水井和减压阀剖面

1-泵的出水口;2-底板;3-麻袋;4-集水井;5-泵;6-土工布层;7-碎石层;8-有孔重型PVC管;9-减压阀;10-压力传感器

该系统运营期主要通过布设在集水井内的传感器及自动控制电路,适时启动排水泵排出井内的水,从而控制地下水位及结构承受的浮力(排水减压系统)。当基础底板孔隙水压力过大处于危险状态时,排水减压阀中的水压力将超过减压阈值,基底地下水通过减压阀顶部迅速排出,及时释放基底压力(泄压安全控制子系统);之后随着管口水压力逐步降低,当基底孔隙水压力小于预设临界值时,止回阀和减压阀停止排水泄压,地下水压力不再下降。该系统自动化程度较高,而且主要控制元器件均位于地下室底板区域潮湿环境中,对系统的可靠性提出了很高的要求。

虽然降排水抗浮方法和措施取得很大进展,正如 Srivastava Amit 和 Sivakumar Babu 对其的评价是"The technique is still in its infancy stage(该技术仍处于婴儿期)",工程界对这种方法普遍还存在疑虑和不熟悉。根据不完全统计,国内地铁建设中绝大部分工程均采用抗拔桩或抗浮锚杆措施。因此,工程界和学术界需要对降排水抗浮方法的抗浮机理、长期工作性能和可靠性、对周边环境的影响做深入系统研究,并通过大量工程实践探索作支撑。

1.3 地下空间开挖与支护技术研究现状

1.3.1 逆作法国内外研究现状

深基坑开挖与支护是地下工程施工中的传统课题,同时又是土木工程中的综合难题。基坑开挖支护过程的计算不但涉及土力学中典型的强度与稳定问题,还包含了变形问题。随着土力学理论、计算技术、测试技术以及施工技术的进步,解决深基坑的开挖与支护问题的方法也逐渐完善。然而,人们对逆作法的研究,大多还停留在施工方面。

开挖支护的计算方法最早由 Terzaghi 和 Peck 等人在20世纪40年代提出,他们预估的挖方稳定程度和支撑荷载大小的总应力法理论一直沿用至今,并不断改进。20世纪50年代,Bjerrum 和 Eide 给出了分析深基坑坑底隆起的方法。20世纪60年代,Peck 根据监测资料提出分析墙后地表沉降和范围的经验方法,此后的大量实测资料提高了分析预测的准确性。20世纪70年代以来,随着计算机的发展及广泛应用,数值模拟和求解技术得到不断发展,越来越多的数值分析方法逐渐被应用到岩土问题的研究和分析中。

计算中一般假定挡墙为弹性体,土体为线弹性体、非线性弹性体、弹塑性体、黏塑性体等。支护体系与土的共同作用是通过结构与土体间的接触摩擦实现的。Clough 提出剪应力与相对位移间关系的双曲线模型,将它用于无厚度的单元,提出单位切向劲度的计算公式和相应的剪切模量计算公式。围护结构内力与变形的计算方法在逆作法条件与通常条件下大致类似,都是以研究对象和基本假定不同大致分为三类:经典计算方法、弹性地基梁板法和连续介质有限元法。其中最常用的是弹性地基梁板法,这也是现行规范推荐的计算方法。以墙体为研究对象,将坑外土压力作为水平荷载,按照弹性地基梁或板的方法计算墙体的内力和位移。与经典方法相比,可考虑多道支撑的分步开挖和分步支锚。Habbard 通过总结围护结构受力与周围土体变化的规律,确定土压力的分布形式;Gob 用有限元分析刚性挡墙与土体的共同作用,得到近墙顶 2/3 范围的土压力接近于主动土压力极限状态的结论。国内方面,李永盛分析复合重力坝所受的水、土压力,得到土压力始终小于理论值,而水压力始终大于理论静止水压力的结论。高文华提出按墙体变位计算土压力的方法,求得作用在结构上的主动土压力。吴铭炳对于软土采用朗肯理论按照水土合算计算土压力,得到主动土压力采用固结快剪指标,被动土压力采用快剪指标的结论。

自 20 世纪 90 年代以来,随着计算机性能的增强,对地下工程进行三维分析成为可能。Ou 进行了逆作法施工条件下开挖的非线性弹性三维有限元分析。李希元用三维空间有限单元法研究了开挖过程中围护结构的变形及地表沉降的空间分布,并考虑了土体流变,分析了施工延迟对围护结构的变形及土体隆起的影响。俞建霖也对挡土结构的空间性状进行了分析,并结合具体的工程实例,验证了进行三维分析的必要性。王广国等对深基坑的有限元大变形问题进行了研究。益德清把逆作地下结构的围护和支撑体系当作独立的构件,采用传统的方法进行计算。高振锋、叶可明等介绍了逆作法施工设计的一般方法。弹性地基梁法应用到具体工程上,常采用杆系有限元计算,可以衔接不同工况来模拟开挖过程。在目前的基坑支护分析中,有限元理论正越来越普遍地得到应用。随着数值模拟和求解技术的不断发展,更适应岩土数值分析的各种方法也逐渐被应用到对岩土问题的研究和分析中。

1.3.2 盖挖法国内外研究现状

盖挖法能有效解决地铁车站施工期间的交通等难题,国外如日本、欧洲很早就采用盖挖法施工技术,以降低对交通的影响,但由于盖挖法土建费用相对较高,国内对其应用的起步相对较晚,但发展十分迅速。

王梦恕院士阐明了逆筑法中的接头处理,并介绍了几种满足接头处理的方法:直接法、注入法和填充法。甘百先阐述和比较了地铁车站采用盖挖顺作、盖挖逆作和暗挖法的技术特点,并对临时路面系统的优化结构进行了力学分析。刘昌用、邰强在对北京地铁 4 号线动物园车站施工研究中,详细介绍了施工缝及边墙混凝土浇筑技术。汪波通过三维结构模拟分析,建议从中桩柱试验开始即进行成桩工艺控制,提高柱基承载力,并保证桩基的施工质量,同时对盖挖每一施工步参照各步的计算进行分阶段沉降控制。杨翼结合数值模拟的方法,研究了围岩应力的动态变化过程以及支护结构的变形状态,给施工方案的确定提供了参考,模拟预测出了支护结构的变形,在施工过程中做到动态监测,提高了基坑稳定性、安全性。吴健将适用于桩基的弹性理论引入对地下连续墙的沉降计算研究,编制了地下连续墙竖向沉降的有限元程序,在此基础上将模拟法与有限元技术结合,计算盖挖逆作法地下连续墙竖向沉降对于不同控制值的失效概率。

盖挖逆作法中,对预留土堤支撑作用的研究也较多。Georgiadis针对砂土基坑中预留土堤对悬臂式支护板桩变形的控制作用,采用PLAXIS软件进行有限元分析和试验研究,提出了通过一折减因子来考虑预留土堤对板桩变形和弯矩的影响。Daly针对预留土堤对悬臂支挡围护结构的支撑作用,基于库伦土压力理论,提出了一种极限平衡计算方法。Gourvenec采用三维有限元模型对预留土堤间隔开挖时的纵向开挖宽度大小对墙体变形的影响进行了研究。陈福全采用PLAXIS软件对黏性土基坑中预留土堤作用下的悬臂式排桩支护基坑性状进行了数值模拟分析,研究了土堤尺寸、桩土相对刚度等各种因素的影响。金亚兵提出了预留土堤对挡土墙作用的实用计算方法,并通过实例验证了该方法的实用性,同时说明在设计时合理考虑预留土堤的作用,有利于降低造价。刘畅探讨了反压土与支护结构相互作用的机理,采用有限元计算分析了反压土宽度、坡度、高度等截面特性对支护结构位移和内力的影响规律。

基坑逆作开挖及地基加固研究中,大型基坑中心岛和逆作法的施工特点是基坑中间先开挖,基坑围护结构内侧预留土台,待结构底板及中板封闭后再开挖土台,预留土台对于围护结构的变形控制起到了关键作用。

由上面的叙述可知,逆作法实践是超前的,理论上的研究探讨还是近十多年才开始的,且对逆作法地下工程的设计,现有的研究还局限在沿用传统的地下工程设计理论,并没有考虑逆作法施工中特殊施工工艺特点对其结构受力的影响,因此,在这方面做进一步的研究是有必要的。同时,盖挖逆作法在深基坑工程中的应用也越来越广泛,在施工经验和方法上已经取得了很多成熟的经验。但是,由于逆作法施工工艺的特殊性和复杂性,深基坑逆作施工对工程降水、基坑开挖、支护结构施工、坑外土体沉降及支护结构变形的控制标准越来越严格,因此需要对逆作施工条件的深基坑降水设计、开挖方式、支护结构及逆作开挖导致的土体支护结构变形性状开展系统的理论研究,为逆作法在地下深基坑开挖工程中的应用提供更好的借鉴作用。

1.4 本项目研究的主要内容和技术路线

1.4.1 研究的主要内容

本项目的主要研究内容如下：

(1) 各种抗浮方案的比较研究

对国家和地方相关的规范、规程进行总结，介绍这些规范、规程中与地下结构抗浮设计有关的规定，如抗浮设计水位、抗浮验算荷载分项系数和设计中采用的抗浮措施等；通过广泛查阅国内外文献资料，归纳目前大型地下结构抗浮设计的现状，总结各种抗浮措施的优缺点及适用范围。

(2) 各种开挖支护方案的比较研究

通过对逆作法的国内外研究现状的分析和归纳，总结各开挖支护方案的优缺点及环板支撑半逆作法的选择。

(3) 控制泄排水抗浮机理研究

基于控制泄排水抗浮机理研究，对抗浮设计水位的确定、地下水浮力的计算和各项分项系数、安全系数的取值进行研究；并结合工程背景，基于FLAC3D建模分析，进行泄水量和环境影响分析、输排水系统水头损失计算以及计算成果敏感性分析。

(4) 超大型地下空间建造工法研究

以深圳市益田村地下停车库为对象、关键施工工艺为核心，运用系统工程的原理，把先进技术和科学管理结合起来，总结主要的关键施工工法，明确关键控制点及应对措施。

(5) 控制泄排水抗浮风险管理研究

基于现代工程项目风险管理理论和全寿命周期管理理论，结合本项目特点总结施工和运营期风险管理流程图，从宏观上评价益田项目的整体风险，并针对整体风险中重点施工风险采用故障树等方法进行识别和评价，找出主要风险源，并给出相应的控制措施。

(6) 绿色施工与环境可持续发展研究

基于现代绿色施工和清洁生产理论，总结节能、减材、低排放施工措施，探讨全过程地下水综合利用的途径。

1.4.2 研究的主要技术路线

本项目采取查阅文献资料、实际工程调研、计算机数值模拟、岩土工程理论分析与计算、

第1章 地下超大型空间研究的背景、意义和主要技术路线

工程项目安全环境评价与理论分析相结合等方法,对地下结构控制泄排水抗浮机理及设计和施工相关问题进行研究。本项目采用的技术路线如图1-3所示。

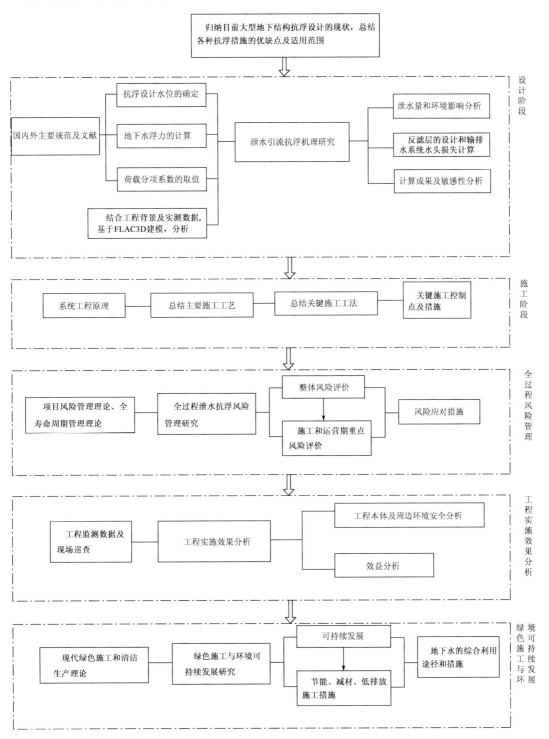

图1-3 主要研究技术路线

第2章 深基坑控制泄排水抗浮机理研究

2.1 工程概况和周边环境

2.1.1 工程概况

深圳市益田村地下停车库,位于益田村中心广场,拟开挖基坑南北长167.8m,东西长176.2m,总占地约3.5万m^2,北距福强路150m,南距福荣路175m。

地下停车库为地下两层,地铁3号线益田站折返线从本工程下方的中部通过,车库层高:负一层净高5.4m,负二层净高4.25m,柱网间距8.4m×8.4m,建筑面积59000m^2。基础设计:采用无梁式筏板基础,板厚600mm。结构抗浮:采用ϕ1000mm钻孔桩。

深基坑支护:围护结构采用800mm厚地下连续墙支护,开挖深度约12m,面积2.94万m^2,开挖土方量约35万m^3,属大型深基坑,基坑设计安全等级按一级考虑。基坑开挖采用中心岛,先围护结构内侧(地铁基坑支护结构外侧)放坡开挖,开挖基坑至底部后施作中部主体结构,中部结构自下而上顺筑施工,中部结构施工完毕后,采用逆作法施工放坡段主体结构。

2.1.2 项目周边环境条件

益田村中心广场地下车库位于益田村居住区的中部(图2-1),广场南面为四栋高层住

图2-1 项目周边环境

宅,东西面均为多层住宅,北面为3号地块。广场内南面现有两栋三层建筑,即康乐中心和娱乐中心,北面为游泳池、网球场及其附属管理用房,中部为下沉式广场。地铁3号线折返部分从本工程的中部通过,其地铁部分的顶标高为-5.58m(黄海高程,下同),与本工程地下车库的地下二层地面一致,即车库位于地铁的上面(图2-2)。

图2-2 建成后的地下车库

益田村中心广场地下停车库为地下二层,建筑面积59000m²,可提供停车位1500个。地面恢复建设(原康体中心,娱乐中心)6500m²。总体建筑面积65500m²(不含地铁折返线上部空间7650m²)。基础采用无梁式筏板基础形式,板厚600mm。地下车库为二层,轴线尺寸为177.0m×168.6m,每层建筑面积均约为29000m²。

地下车库采用现浇钢筋混凝土下埋式结构,地下结构的抗浮设计是该工程要解决的工程难点之一。工程设计单位考虑了两个设计方案:抗浮方案一,采用抗拔桩兼作承载力桩;抗浮方案二,采用抽水减浮方案。根据方案比选,拟选用控制抽水减浮方案,采用该方案时,最重要的问题是要确定每日泄水量和长期抽排水作用对地下周围环境的影响。根据相关单位提供的勘察报告、基坑支护设计、主体结构设计和抽排水设计方案等相关资料对上述问题进行分析,并对设计方案相关重要技术问题进行分析研究。

2.2 抗浮机理研究

2.2.1 地下水

地下水位包括历年最高水位、最低水位、静止水位、稳定水位等,它是随季节或补给条件而变化的。地下水位变化是一个随机过程,受人为因素和自然因素影响很大。根据赋存状态,一般将地下水划分为上层滞水、潜水和承压水。

(1)上层滞水:是指埋藏在地表浅处,且具有自由水面的地下水。它的分布范围有限,其来源主要是由大气降水补给。

(2)潜水：是指埋藏在地表以下第一个稳定隔水层以上，具有自由水面的地下水。潜水直接受雨水渗透或河流渗入土中而得到补给，同时也直接由于蒸发或流入河流而排泄。

(3)承压水：是指埋藏在上下两个隔水层之间的地下水。承压水主要是依靠大气降水与河湖水通过潜水补给的。

2.2.2 浮力计算问题

一个物体浸没在液体中，让其从静止开始自由运动，它的运动状态有三种可能：下沉、不动或上浮。物体浸没在液体中静止不动，称为悬浮。上浮的物体最终有一部分体积露出液面，静止在液面上，称为漂浮。下沉的物体最终沉入液体的底部。根据物体的受力平衡可知，悬浮和漂浮的物体，浮力等于重力，而下沉后的物体还要受到容器壁的支持力。因此根据二力平衡求浮力的这种方法，仅限于物体悬浮或漂浮的状态。

抗浮验算首先是要正确确定上浮力。正是由于规范、规程对抗浮规定的模糊性，结构人员在对地下结构进行设计时，抗浮验算中的若干指标不能正确合理取值。关于浮力计算，阿基米德原理的内容是：浸入液体中的物体受到向上的浮力，浮力的大小等于它排开的液体受到的重力。下面即对影响抗浮计算的相关因素进行分析。

建筑物承受的地下水的水头高度为地下水位标高与建筑物基底标高之差 Δh，基底面积为 A，其基底理论静水压力为：

$$F = \gamma_w A \Delta h \tag{2-1}$$

式中：γ_w——水的重度。

对于水头差问题存在不同的看法，黄志仑等《关于地下建筑物的地下水扬力问题分析》中认为水头差为地下水位与基础底面的差值，同济大学的高广运提出水头差对永久性建筑及临时性建筑有所差异。如高层楼房：假设其基础底面位于潜水层下 h 处，即使基础底面不透水而且与土层紧密贴合，但由于水头差的存在，必然会有渗透，经过若干年，渗流将达到稳定。假定原地面水位不变，若干年后的水头差应小于 h，基础底面所受浮力就要减小。而对于临时性构筑物如基坑工程，一般基坑开挖时采用支挡和隔水措施，基坑内外因水头差而形成渗流，水头差就更难确定。关于渗流，其定义为水在土体中的流动。水在孔隙较大的土中，如在卵石中流动时，可能出现湍流的现象，一般不容易忽视，会设法制止其发生。渗流分为两类：稳定渗流（又称稳流）和不稳定渗流（又称瞬变流）。前者在渗流过程中土体内各点的水头不随时间变化，土单元体内水的储量不发生变化；后者在渗流过程中水头和流量边界条件随时间变化。

工程中遇到的不稳定渗流问题可能有：饱和渗流与非饱和渗流；由于土的固结作用造成的渗流；入渗分析，即场地地表附近水的入渗情况；污染迁移问题。在地面下数十米的深度内,存在多层地下水。各层地下水除了具有水平方向的渗流分量外,在竖向还存在越流补给,即存在竖向的渗流分量。由于渗流作用,地层中的压力水头沿竖向可能呈现非常复杂的分布形态。而对渗流和孔隙水压力背景场的分析常被工程师忽略。

(1) 黏土地基中地下水为滞水的情况

地下水赋存形态可以有滞水、潜水和承压水等。而在许多城市中最上层的地下水往往为滞水形态,其情况如图2-3所示。这层滞水可能是由于降水或者其他原因形成。

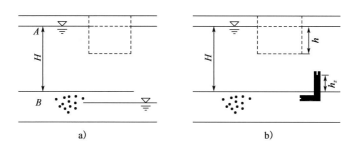

图2-3 滞水形态

在图2-3a)中,由于上层水实际上成为"悬"水。因为水面A压力为0,黏土层底B点压力也为0(与大气连通),根据达西定律及水流连续条件,土中水各点水压力必须为0。这样,作用在地下室侧墙上的土压力为:

$$p = K \cdot \tilde{a}_{sat} \tag{2-2}$$

式中:K——侧向土压力系数;

$\tilde{a}_{sat}$——土的饱和容重。

侧向水压力及地下室的浮力均为0。在图2-3b)中,其地下室底面作用有扬压力(单位面积上浮力),可按下式计算:

$$p_w = \frac{h_z}{H} h \gamma_w \tag{2-3}$$

扬压力小于静水中的浮力。

(2) 地下结构外有排水设备的情况

由于地下结构外常常设置排水设备,它们可能通过泵或自流将渗入的水排出。这除了能防止向地下室内渗水,防止地下水腐蚀地下结构材料外,还可明显减少地下室的浮力。其计算原理与滞水的情况相似。亦即地下水向下的渗流,使土中压力减少,从而使地下室上浮力减少甚至消除。可通过绘制流网或渗透计算确定地下结构上的水压力。在以上两种情况中,用地下室所排出的水的体积来计算浮力无疑是偏于保守,甚至是错误的。但在设计计算中,也必须充分调查黏土中滞水位及砂土层中潜水位的可能变化幅度,排水设备失效的概率,针对建筑物重要性合理选用计算浮力公式及抗浮设施。

(3) 淤泥土中的浮力的时效性

在饱和淤泥土中,如果采用地下连续墙或沉井法封底等方法施工,在理论上地下室作用有其排除水体积的浮力。但实际上,当浮力大于其自重时,常常不会马上向上浮起。因为,如果地下室有向上运动的趋势,则其底部将留下空间供地下水补充。由于淤泥土本身渗透性差,如果地下室四周不存在排水通道,则将在其底部产生负孔压,这个负孔压常常能够大到足以"拉"住地下室不致上浮。所以,浮力常常存在时效性。地下室封底后到上部结构修建到自重大于浮力这段时间内,似乎可以利用这部分负孔压,但可能会出现沉降量增加的危险。

(4) 地下结构有肥槽的情况

当饱和黏土中地下室有肥槽情况,其肥槽中填料有时用无黏性土,有时用开挖出的土夯实回填。一般它们比原状土的渗透性大得多。如果外墙与地基土间有缝隙,情况也相似。这时如果降雨后肥槽及缝隙中充满水,浮力就会充分表现,甚至不管地基土是否饱和,及饱和黏土中是否为滞水,都存在明确的浮力。现实中有些发生上浮的地下室常常就是这种情况。

(5) 地下结构外墙的摩擦力

在有浮力的情况下,当其大于地下室重力时,地基土与外墙间将表现出摩擦力。这在地下连续墙和沉井等作外墙时,作用尤为明显。

2.2.3 实用计算方法

在没有现场水压力实测数据资料的情况下,需寻求一种经济稳妥的方法进行抗浮设计。本文分情况探讨了基础底板水浮力计算方法,其模型和公式列于表2-1中。

基础底板水浮力计算方法模型和公式 表2-1

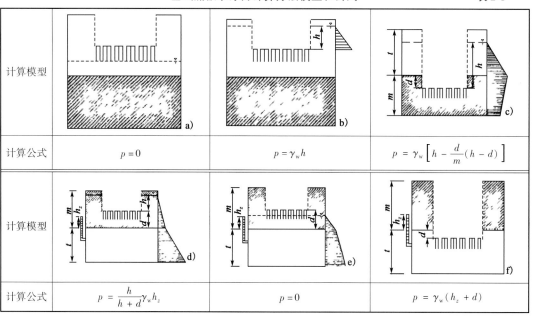

续上表

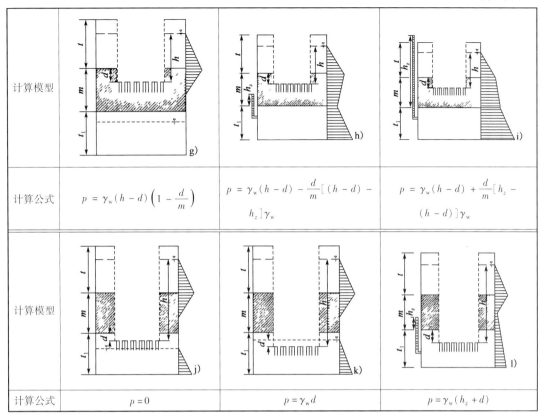

2.3 常用抗浮方法研究

当地下结构物的自身重量(如顶板有覆土,也包括在内)(图2-4)不能抵抗地下水浮力时,地下结构物则产生上浮,导致结构变形损坏,由此需进行抗浮设计。工程抗浮设计包括整体抗浮验算和局部抗浮验算。通过整体抗浮验算虽然可以保证地下结构物不会整体上浮,但不一定能保证结构物底板不开裂等变形现象,因此,还应对结构物底板进行局部抗浮验算。地下结构物抗浮(或防浮)方法很多,其类型有增加自重法(包括顶板压载、基板加载及边墙加载)、下拉法(抗拔桩和锚杆)、排水减压法以及利用土层与地下结构之间的摩擦力、利用废弃的临时挡土设施和延伸基板法等。而工程中常用的抗浮措施是如临时性抗浮(主要指施工期间)主要采用隔水、降水和排水等措施;永久性(指建筑物使用期间)主要采用抗拔桩下拉法和

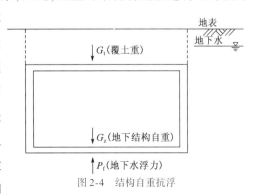

图 2-4 结构自重抗浮

锚杆(索)下拉法。

2.3.1 增加自重法方案

采用顶板压载、基板加载及边墙加载等措施增加地下结构物自身重量(即恒载),使其自身的重力始终大于地下水对结构物所产生的浮力,确保结构物不上浮。这种方法的优点是施工及设计较简单;缺点是当结构物需要抵抗的浮力较大时,由于需大量增加混凝土或相关配重材料用量,故费用增加较多。

(1)顶部压载措施

顶部压载措施是将地下结构物顶板的混凝土加厚或增加其他压载材料(图2-5),使自身重量(即恒载)增加以抵抗地下水的上浮力,但增加的混凝土却占去原有覆土的位置,所以增加的重量仅为混凝土与覆土重量之差而已。因为混凝土与覆土重量的差距不大,所以此法的效益不大,并且使地下结构与地表的距离拉近,由此减少了地下结构上方覆土厚度。此法一般用于埋深较浅、不需增加太厚压载物,且其顶部有条件压载的地下结构物的抗浮,否则,其顶部有条件压载也会增加结构自身造价和基础造价,对规模较大、埋深较深的地下结构物的抗浮,不宜采用此法作为抗浮措施。

(2)基板加载措施

基板加载措施是将地下结构物底板的混凝土加厚(图2-6),使自身重量增加以抵抗地下水的上浮力,但在增加混凝土的同时也增加了水的上浮力,所以它增加的重量是混凝土与水的重量之差。因为混凝土与水的重量的差距远比混凝土与覆土的重量差距大,所以每增加单位体积的基底板混凝土,其抗浮效益比顶板压载法要大,但会提高工程造价。

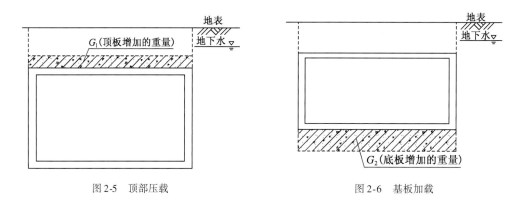

图2-5 顶部压载　　　　图2-6 基板加载

如果完全依靠结构自重和恒载来抵抗地下水的上浮力的影响,以保证结构稳定,那么地下室底板厚度必须增加一个厚度 t',这一增量可由力的平衡条件来求得:

$$K_f(H + t') \cdot A' \cdot \gamma_w \leqslant G_z + G_t + R_f + A' \cdot t' \cdot \rho \qquad (2\text{-}4)$$

$$t' = \frac{G_z + G_t + R_f - K_f \cdot H \cdot A' \gamma_w}{K_f \cdot A' \cdot \gamma_w - A' \cdot \rho} \qquad (2\text{-}5)$$

整个地下室底板需要增加的混凝土重量为:

$$G' = A' \cdot t' \cdot \rho \qquad (2\text{-}6)$$

上述式中:K_f——抗浮稳定安全系数,取 1.05~1.20;

G_z——原结构自重;

G_t——覆土层重量;

R_f——侧墙与土壤间的极限摩擦力(通常此力不考虑);

A'——地下室底板面积;

H——地下室底板以上的地下水位高度(m);

t'——地下室底板增加的厚度;

ρ——混凝土的密度,取 24kN/m³;

G'——增加底板的重量。

从上面推导出的公式可以看出,若采用基板加载抗浮措施,不仅在地下室底板需浇筑大量的压载混凝土,在材料上造成极大的浪费,厚板给施工也带来非常大的困难和不便。因压载加深基坑的深度,造成大面积深基坑的开挖,给施工用地及基坑土坡稳定等方面也带来不少的麻烦和困难。此法一般用于埋深较浅、不需要增加太厚混凝土的地下结构物的抗浮,否则,会大大增加工程量、增加工程造价、延长工期。对规模较大、埋深较深的地下结构物的抗浮,不宜采用此法作为抗浮措施。

(3)边墙加载措施

边墙加载措施是将地下结构物边墙的混凝土加厚(图 2-7),这种做法虽然增加了水的上浮力,但也由此加宽了地下结构物上方覆土的范围。这种做法虽然也可得到较大的抗浮力,并且不需要加深基坑开挖,但开挖的范围却因此增宽,在地价昂贵的地区,经济效益也将因此折减,并且土方开挖量也将增加,造价、工期也将增加。此法一般适用于不受场地限制、地价不贵地区的规模较小地下结构物的抗浮,否则,不宜采用。

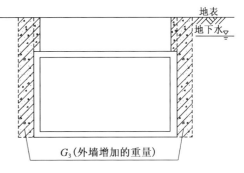

图 2-7 边墙加载

2.3.2 利用土层与地下结构之间的摩擦力

土壤与地下结构物间的摩擦力也可以抵抗地下结构物的上浮(图 2-8)。该力的大小依土壤的侧压力及各土层的摩擦情况而定。但是这种侧压力的大小很难准确确定,所以它的可靠度不高,如需采用,其设计的安全系数应当提高,并且要在地下结构物有相当的位移后,才能真正地启动这种摩擦力。若地下水位不时变动,则这种位移也会变动;这种位移的数量及其随水位变动的性质,往往不能适用于某些地下结构物。在实际工程中,对规模较大的地下结构物的抗浮,很少采用此法作为抗浮措施。

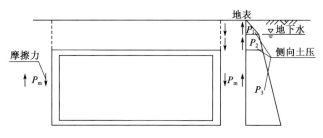

图 2-8　利用土层与地下结构之间的摩擦力

(1) 延伸基板法

延伸基板法是将地下结构物的基板向外延伸而形成翼板,由翼板承托覆土以抵抗上浮力。这种抗浮力(图 2-9)可能有两种:一种是垂直压力和侧翼压力之和;另一种是垂直压力与土间摩擦力之和,要取这两种力量中的较小者。但是,为了要延伸基板而成翼板,开挖的范围因而将加宽,土方及使用土地面积也将加大,其所增加的抗浮力变大,不过此抗浮力中除垂直压力(G_{w1})很可靠外,其他各项如侧翼压力(G_{w2})、土间摩擦力(P_m),都不易得到肯定的数值,如需使用,其安全系数也应提高。此法一般适用于不受场地限制的规模较小地下结构物的抗浮,否则,不宜采用。在实际工程中,对规模较大的地下结构物的抗浮,很少采用此法作为抗浮措施。

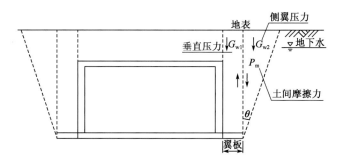

图 2-9　延伸基板法

(2) 利用废弃的临时挡土设施

一般来说,在基坑开挖时用以挡土的连续墙除与地下结构物接触的部分外,大部分的墙体在开挖区回填后就没有任何利用价值了。若能以剪力榫❶妥善相连或直接与地下结构物结合,即可利用挡土的连续墙来抵抗地下水浮力(图 2-10)。此法除剪力榫的安置费,无其

---

❶ 剪力榫为两个结构体之间的一个棒头,用以传递二者间的剪力。

他额外费用,并且可靠性很高。此外,还可以将连续墙与土壤间的摩擦力计入考虑,其安全系数也将由此提高。采用此法得先验算挡土连续墙的抗拔力等,并视该工程的挡土连续墙和地下结构物外墙之间的间距等情况而定,如间距太大,则需浇筑大量的混凝土,并不易安装剪力榫,由此增加造价、造成浪费。此法一般适用于挡土连续墙的抗拔力足够,且挡土连续墙和地下结构物外墙之间的间距较小等条件的地下结构物抗浮。

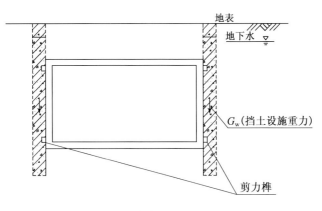

图 2-10　利用废弃的临时挡土设施

2.3.3　下拉法

下拉法主要包括抗拔桩下拉法和锚杆(索)下拉法(图 2-11、图 2-12)。

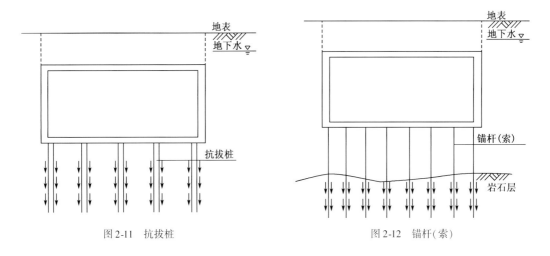

图 2-11　抗拔桩　　　　　　图 2-12　锚杆(索)

(1)抗拔桩方案

抗拔桩是指抵抗建筑物向上位移的各种桩型的总称,抗拔桩不同于一般的基础桩,有其自身的独特性能,与一般基础桩的最大区别在于:基础桩通常为抗压桩,桩体承受建筑荷载压力,受力自桩顶向桩底传递,桩体受力大小随着建筑物荷载的变化而变化;而抗浮桩则为抗拔桩,桩体承受拉力,桩体受力大小随地下水位的变化而变化,二者在受力机理上不同。

在工程实践中常用的桩型有预制桩和灌注桩,抗浮桩多采用人工挖孔灌注桩或机械钻孔灌注桩。灌注桩作为抗浮桩的缺点在于:灌注桩的造价高;由于灌注桩与柱子连接,使抗浮桩的间距太大,需要很厚的底板才能抵抗浮力产生的弯矩和剪力,因而底板造价也较高;单桩极限抗拔力低。

当工程桩(抗压桩)兼作抗拔桩时,只考虑局部抗浮验算,但需对桩本身作抗拔(抗拉)验算,并且其受力钢筋应通长布置。以下就各种常用的桩型作为抗浮措施作有关分析。

①预制桩中,如采用预应力管桩作抗拔桩,它具有工期短等特点,体现在:一是施工前期准备时间短;二是施工速度快;三是检测简单快捷。虽然管桩单位长度的造价较高,但由于工期短,可以节省施工费用,缩短投资回收时间。由于锤击法沉桩振动和噪声的影响,在市区施工受到限制和约束;而静压法沉桩虽然可以克服振动和噪声等对环境的影响,但由于设备比较笨重,自重较大,难于下到较深的基坑中施工,且有些靠基坑壁的边桩不能施工。如先压桩后开挖基坑土方,则桩浪费大(因送桩不宜超过2m),土方开挖不便,容易碰坏桩或碰斜桩且施工速度慢。如场地土层条件好且大,允许放坡施工,则可采取先开挖基坑或先开挖一定深度后再压桩(送一部分桩),桩压完后再开挖基坑土方是可行的。

预制桩作为抗拔桩需要可靠、耐腐蚀性强的接头,这在施工和施工质量管理方面是会造成一定困难。

②关于灌注桩作抗拔桩的情况是:对于沉管灌注桩不宜作为抗浮措施。对机械成孔灌注桩,如地质条件适合此桩施工作为抗浮措施,则可优先考虑采用正(反)循环钻成孔嵌岩灌注桩。但是,它又受场地等施工条件的影响。由于设备比较笨重,难于下到较深的基坑中施工,且有些靠基坑壁的边桩不能施工(因工作面小)。如先成桩后开挖基坑土方,则土方开挖不方便,且施工速度较慢;如场地土层条件好且大,允许放坡施工,可考虑先开挖基坑、后成桩的办法。人工挖孔灌注桩作抗拔桩时,在地下水位较高,特别是有承压水的砂土层、滞水层、厚度较大的高压缩性淤泥层和流塑淤泥土层施工时,必须有可靠的技术措施和安全措施,否则,不得采用人工挖孔灌注桩,选用其他抗浮方案为宜。如地质条件适合人工挖孔灌注桩施工,采用人工挖孔扩底嵌岩灌注桩作为抗浮措施是可行的,且当基岩与地下结构物底板距离不大时,此时可能最经济有效。扩径支盘桩作抗拔桩,虽然只需增加少量材料就能获得显著提高抗拔承载力的效果,但目前国家还未制定该桩型的规范,这使得该桩型的设计、施工与验收和监理等无章可循。故采用此桩型作为抗浮措施时机还未成熟。对于爆扩桩,得根据工程的地质条件和场地条件等因素综合考虑,如符合爆扩桩施工的有关条件,采

用爆扩桩作为工程的抗浮措施是可行、经济、安全可靠的。但目前国家还未制定该桩型的规范,这使得该桩型的设计、施工与验收和监理等无章可循,故采用此桩型作为抗浮措施时会带来很多的不便和麻烦。

(2) 抗浮锚杆(索)下拉法方案

采用锚杆(索)岩土锚固抗浮措施,与上述压载法、抗拔桩等方案相比,该方案具有工期短、造价低、节省材料等优点。土层锚杆不仅适用砂性土、黏性土,而且在饱和淤泥质地层中也获得了成功应用。

在洼坑式结构基础板(即天然基础筏板)的静力分析中,把锚固力当作作用于锚头位置上的集中力考虑。可以看出,最好使用较小的锚固件,因为这样可以在整个底板面积上以小的间距来布置锚杆,从而可减少底板的弯曲应力和配筋量。但使用较小的锚杆又需要钻凿较多的锚杆孔,这样又会增加施工费用和工期,所以对底板可采用梁(或暗梁)加固。纵横布置地形成梁(或暗梁)格构,在此格构上可设置承载力较大的锚头。

当采用抗浮锚杆时,锚杆体系用螺纹钢,不施加预应力,采用一定构造措施之后,将抗浮锚杆顶部留部分直接浇入混凝土底板或梁。采用非预应力锚杆施工简单、施工周期短。采用锚杆抗浮需要考虑自身的防腐问题,使用年限按50年考虑;另一方面需要考虑抗浮锚杆所用钢筋与混凝土底板(或梁板)的止水问题,防止从二者结合点发生渗漏。可以先施工抗浮锚杆,后做地下结构物基础板(或梁板);也可先做地下结构物基础板(或梁板),在板或梁上预留孔,后施工抗浮锚杆。还要考虑抗浮锚杆施工的时机,即在什么时候施工比较合适。

锚杆(索)抗浮作为抗浮措施存在两方面的问题:一是锚杆(索)拉杆抗腐蚀问题,拉杆不会因接触地下水土环境受到腐蚀而强度降低丧失正常使用功能;二是不同长度和锚固地层的锚杆(索)受力和变形性状的差异,会导致地下室底板受力不均匀。所以,对于腐蚀性地下水条件、锚固地层深度较大和地下室结构对变形要求严格的工程,较少采用锚固法抗浮。

2.3.4 排水减压法

以上各法皆为以力抗力之法,排水减压法则设法消去地下结构物底部的水压力,即在结构物四周及基底处,事先修建降水盲管[如图2-13所示,a)图为渗排水,b)图为盲管排水]。结构物投入使用后,地下水由盲管不断地流入集水井中,在集水泵处被提升排走。如此通过降水盲管的使用,使地下水位始终低于能使结构物浮起的预警水位,确保结构物不上浮。这种方法的优点是施工较方便,缺点是当采取抗浮措施的结构物较大时,常因盲管数量大、埋置深,给结构物的日常管理和使用带来一定困难。

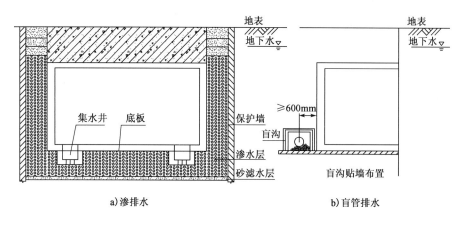

图 2-13 排水减压法

渗排水适用于地下水为上层滞水的情况，地下结构物周围的渗水层外侧应砌筑保护墙；盲管排水一般适用于地基为弱透水性土层，地下水量不大，排水面积较小，常年地下水位低于地下结构底板或丰水期短期内地下水位稍高于地下结构底板的地下防水和抗浮工程。

另外，此法适用于透水率较低的土层，若在透水率高的土层中采用此法，则抽水费用将大大增加，并且还会因抽水而造成邻近区域的沉陷。实践证明，地底板下设土工布碎石盲管，将地下水引入集水井的方法是十分经济有效的。

2.4 抗浮方案比较及选用

2.4.1 常用抗浮方案特点

(1) 配重法

配重法是一种常规的抗浮措施，可以在地下室顶板上覆土或增加顶板板厚，也可以将底板延伸或增加底板厚度。但由于使用空间的限制，增加覆土或底板厚度以解决抗浮问题的同时，又不可避免地增加了基础的埋置深度，从而相对地提高了地下室抗浮设防水位的高度，因此它不是一种效率最高的方法。增加地下室顶板的厚度在不增加基坑坑底标高的前提下，增加了地下室的重量，而且使用厚板后，地下室顶板的大板块之间可以不再设置次梁，既有利于其他专业的使用，又简化了施工工序。但这种方法的缺点是会略增加地下室顶板框架梁的负荷，而且由于板厚有限，这种方法解决抗浮问题的效果也是有限的。底板延伸可利用外伸的覆土增加压重，但底板延伸也会受到建筑红线的限制。

(2) 降截排水法

降截排水法是一种比较直接的方法,通过降水、排水、截水来减少地下水的不利作用。降水措施主要是在底板下设置滤水层和排水管道,汇集到排水井再用水泵抽取,使地下水位维持在某一标高。排水主要是采用无浮力底板(设有泄水减压系统)来实现,主要是设置泄水孔。截水措施主要是将止水帷幕(深层搅拌桩、高压旋喷桩)进入隔水层一定厚度,将地下建筑物范围内的水与外界丰富的水源截断。但是这种措施一般需要长期投资,并且存在风险,如暴雨灾害后的长时间停电会使水泵无法工作,而这正是最需要减水压的时候。

(3) 抗浮桩

抗浮桩是常用的抗浮措施,利用桩体自重与桩侧摩阻力来提供抗拔力。抗浮桩的桩型选择,一般主要根据工程地质情况、施工条件和周围环境等因素综合确定。常用桩型为预制桩、沉管灌注桩和钻孔灌注桩。布桩时应力求使各桩受荷均匀,一般将抗浮桩布置在柱下、纵横墙交叉处、沿外墙均匀布置。抗浮桩设计的基础是单桩抗拔承载力的确定,由于目前对抗浮桩的研究成果还比较少,相对抗压柱而言,其荷载作用机理及设计方法还不够成熟,仍处于套用抗压桩设计方法的阶段。单桩抗拔承载力一般采用静载试验法或经验参数法确定。用静载试验法确定桩的抗拔力比较接近工程实际,经验参数法利用桩的侧阻力值导入抗拔系数后作为抗拔桩侧阻力值,抗拔系数一般取 0.5~0.8。

(4) 抗浮锚杆

抗浮锚杆是近年来大量应用的抗浮技术,一般采用高压注浆工艺,使浆液渗透到岩土体的孔隙或裂隙中,锚杆侧摩阻力比桩基大,更有利于抗浮,且造价低廉,施工方便。但是普通锚杆受拉后,杆体周围的灌浆体开裂,使钢筋与钢绞线极易受到地下水的侵蚀,直接影响耐久性。抗浮锚杆与底板的接点也是防水的薄弱环节。国内对抗浮锚杆的设计还不够成熟,缺乏有关的规范标准,尤其是锚杆的耐久性缺乏可靠的技术控制,从而限制了抗浮锚杆的应用。由于工程周围有多栋高层建筑,且本工程面积大,整体刚度相对较弱,故在地下车库的柱下和墙下打桩,这些桩一方面作为抗拔桩,一方面调节地基变形对结构的影响。为了节省造价和缩短工期,设计时在地下车库负二层顶板标高处附加短梁,采用植筋的方法将顶板与支护桩连接起来,这样一方面在施工时短梁可起到换撑的作用,另一方面可利用支护桩进行抗浮和沉降调节。

2.4.2 常用抗浮方案比较及选用

抗浮方案的类型有增加自重法(包括顶板压载、基板加载及边墙加载)、下拉法(抗拔桩和锚杆)、排水减压法,以及利用土层与地下结构之间的摩擦力、利用废弃的临时挡土设施和延伸基板法等,每一种方法都各有利弊。

工程中常用的抗浮措施是临时性抗浮(主要指施工期间)主要采用隔水、降水和排水减压等措施;永久性抗浮(指建筑物使用期间)主要采用抗拔桩下拉法和锚杆(索)下拉法。

采用锚杆(索)岩土锚固抗浮措施,与增加自重载法、抗拔桩等上述方案相比,具有工期短、造价低、节省材料等优点。

当工程桩(抗压桩)兼作抗拔桩时,只考虑局部抗浮验算,但需对桩本身作抗拔(抗拉)验算,并且其受力钢筋应通长布置。

由于大型地下工程地下空间体积大,永久地下水浮力高,一般常采用抗浮锚杆(索)、抗拔桩或排水减压抗浮方案,其综合比较见表2-2。

常见大型地下工程抗浮方案综合比较　　　　　表2-2

抗浮方案 比较指标	抗浮锚杆(索)	抗拔桩	排水减压抗浮
全寿命周期费用	前期造价高,但是后期无任何费用	前期造价最高,但后期无任何费用	造价最低,但后期每年要产生管理运营费用
施工工期影响	施工工艺较复杂,对施工工期影响较大	施工周期最长,但可提前与围护墙(桩)同时施工	对施工工期影响小
施工风险	需中小型专用机械,施工工艺较复杂,施工难度较高	需大型施工机械,施工工艺复杂,复杂场地施工风险及施工难度最大	不需专用施工机械,工艺简单,施工难度较小
方案可靠性	截面小,易受腐蚀,需采取价格不菲的防腐蚀措施,可靠度较低。长期存在耐久性降低问题,以及地下室渗漏问题	截面大,受腐蚀影响较小,可靠度较高。基底高孔隙水压力会导致耐久性降低问题,以及地下水渗漏问题	不容易受腐蚀,可显著降低地下室渗漏风险(基底孔隙水压力小),可靠度高
技术先进性	成熟的技术,但耗费大量的材料和能源,并产生一些相关污染问题	成熟的技术,但耗费大量材料和能源,并产生大量污染问题(渣土、施工振动噪声等)	创新技术,节约能源和材料,不产生污染,符合国家绿色施工、循环经济的政策
周边环境的影响 (包括建构筑物)	施工对周边环境影响较小;运营期对周边环境无影响	岩层冲(钻)孔施工的振动对周边环境有一定影响;运营期对周边环境无影响,后期无须任何系统维护	施工对周边环境无影响;运营期长期抽水对周边环境有影响,需长期对系统进行监测和维护
环境改变的适应性	被动式抗浮,建成后维修、改造和优化升级困难,对后建下穿地下工程影响较大。废弃拆除时处理困难,费用高昂	被动式抗浮,建成后维修改造和升级困难,对后建下穿地下工程影响巨大。废弃拆除时处理十分困难,费用高昂	主动式抗浮,建成后能方便维修、改造和升级,对后建下穿地下工程无影响。废弃拆除时处理十分简单,费用低廉

以上各种抗浮方案各有优劣,其选择的原则是:安全可靠、经济合理、技术先进和方便施工。还应根据工程特点、地质情况、场地条件和环境等因素(如基坑的支护形式、基坑深度、基坑底的土层条件等),综合考虑,因地制宜,选择一个最佳有效的抗浮方案。

第3章 控制泄排水抗浮机理数值分析

3.1 车库运营期地下水泄水量和环境影响分析

3.1.1 分析方法和相关条件

本工程采用地下连续墙作为基坑开挖的外围护结构和止水帷幕，在地下停车库建成后运营期内，基坑外围护结构将长期存在，并对地下室的抗浮设计中抽排水量和浸润线位置产生重大影响，因此不能简单采用传统等代大井法进行计算，应采用有限元等数值方法进行渗流场的模拟。

具体的分析方法和计算条件如下：

(1) 基本假设：①该工程基坑开挖面基本是正方形，为简化计算，计算模型简化为轴对称圆形，圆形面积与正方形面积相等，等效半径为96.4m。②各土层渗透系数为各向同性。③偏于安全考虑，不考虑地铁和项目周边的建(构)筑地下室对地下水的遮挡。

(2) 主要分析过程：基坑周边场地土层变化较大，因此本研究选取有代表性的8个断面，采用有限元渗流计算软件计算出各断面周边场地的浸润线和单位宽度内渗流量，对8个断面计算结果，按断面代表宽度取加权平均。其中，降水仅考虑上层孔隙潜水含水层。由地质报告和深圳地区的经验可知，场地内地下水主要分成上层潜水和下层基岩裂隙水，两者的联系不甚紧密，表现为基岩裂隙水一般为承压水(微承压)。上下层地下水的分界线定为中风化基岩底面。

(3) 根据设计单位提供的抗浮设计，周边场地抗浮设计水位标高+4.3m，地下室内控制水位标高-1.4m，地下水位最大降深5.7m。

(4) 计算降水曲线上因降水增加的有效应力$\Delta\sigma'$和场地沉降。当水位变化时，土中总应力不变，根据有效应力原理，$\Delta\sigma' = -\Delta u$。

对于有效应力发生变化的降水疏干层(降水面与天然水面之间土层，并假设为一层情况)，有效应力增量是三角形分布，取其平均值并假设为矩形分布(图3-1)：

$$\Delta\sigma'_1 = \frac{1}{2}\gamma_w \Delta H \tag{3-1}$$

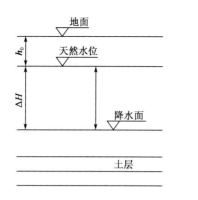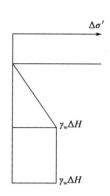

图 3-1　有效应力增量分布

降水面以下土层,其有效应力增量为定值,满足:

$$\Delta\sigma'_2 = \gamma_w \Delta H$$

因降水产生的沉降采用分层总和法计算,分层总和法考虑土的成层性,根据土的有效应力增量计算降水导致的沉降量。对于第 i 层土的土层单元沉降计算公式如下:

$$\Delta s_i = \frac{\Delta\sigma'_h}{E_{si}} \Delta h_i$$

式中:Δs_i——第 i 层土单元的沉降(mm);

$\Delta\sigma'_h$——降水深度 h 处土层的有效应力增量(kPa);

E_{si}——第 i 层土的压缩模量(MPa);

Δh_i——第 i 层土单元的厚度(m)。

抽排地下水降水是引起周围环境变形的主导因素,它会改变地下水的渗流运动,导致地下水位的下降,在天然水面和降水面之间,排水引起土体的孔隙水压力消散,有效应力增加,从而造成土体压缩,产生沉降 s_1;同时,降水面以下,土层有效应力也会因水位下降而增加,产生沉降 s_2。因此,基坑周边沉降将由两部分构成,即:

$$s = s_1 + s_2$$

对于降水疏干层(降水曲线与天然水面之间土层),产生沉降 s_1 为:

$$s_1 = \frac{\gamma_w \Delta H}{2 E_{s1}} h_1$$

降水面以下土层产生沉降 s_2 为:

$$s_2 = \sum_{i=2}^{n} \frac{\gamma_w \Delta H}{E_{si}} h_i$$

基坑降水引起周围地面沉降的计算公式为：

$$s = \frac{\gamma_w \Delta H}{2E_{s1}} h_1 + \sum_{i=2}^{n} \frac{\gamma_w \Delta H}{E_{si}} h_i$$

式中：h_i——天然水面下第 i 层土厚度。

勘察报告没有提供部分土层的压缩模量（原状残积土采用变形模量），冲洪积土层采用舒尔茨-梅经巴赫公式，原状残积土采用广东省地基基础设计规范推荐公式计算。

对于冲洪积土：

$$E_s = 4.0c(N_{63.5} - 6) \quad N_{63.5} < 15$$
$$E_s = c(N_{63.5} + 6) \quad N_{63.5} > 15$$

对于原状残积土：

$$E_0 = \alpha N_{63.5}$$

式中：$N_{63.5}$——标准贯入击数；

c——经验系数，对于不同的岩土材料，取值如表3-1所示。α 取 2.0。

不同土类的 c 值 表3-1

土类名称	粉质黏土	细砂	中砂	粗砂	砾质黏土	砂质砾质黏土
c	0.3	0.35	0.45	0.7	1.0	1.2

压缩层厚度取至全风化花岗岩层顶部，根据经验和估算该层以下沉降量很小。

由于本计算分析采用的是最高水位，也就是抗浮设计水位，实际运用期的水位要低于抗浮水位，所以实际降水深度要小于设计降深。另外，随着季节的变化，地层中的地下水位是变化的，根据经验和勘察报告中的描述，地下水位随季节变化的幅度为 1.0~2.0m，考虑到在随季节变化幅度的降深之内，场地由于水位下降而产生的地层压缩下沉量早就已经发展完成。在场地沉降计算时取季节水位变化幅度 1.7m，沉降计算采用降深 3.2m。对于围护结构周边的沉降计算，考虑回填扰动等最不利条件，采用设计地下水降深 4.9m，计算结果代表最不利条件下的最大值。本报告的沉降计算和预测值包括了基坑开挖的过程，以及地下室建成之后持续抽水引起的周边的水位变化而导致的地面沉降量。

3.1.2 计算分析断面及土工参数

选取场地周边 8 个断面，断面位置如图 3-2 所示，分别对应勘察报告中钻孔 Z3B-TCYT-42、Z3B-TCYT-45、Z3B-TCYT-40、Z3B-TCYT-22、Z3B-TCYT-5、Z3B-TCYT-3、Z3B-TCYT-7、

Z3B-TCYT-17,具体地层详细分布细节参见后续章节。

综合勘察报告并结合工程实践,各计算参数见表3-2。

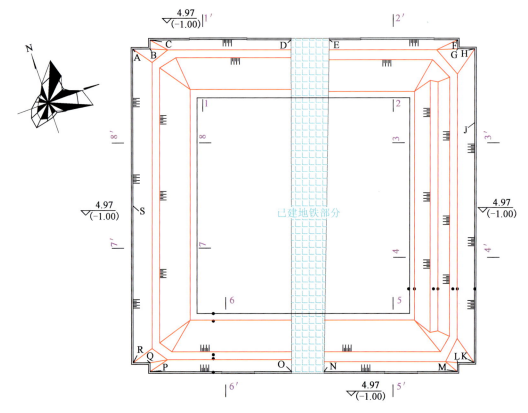

图3-2 各断面位置

土 工 参 数 表3-2

地层编号	岩 土 名 称	重度 (kN/m³)	抗剪强度指标		渗透系数 (m/d)	压缩(变形)模量 (MPa)
			c(kPa)	φ(°)		
〈1-1〉	素填土	18.5	15	10	0.05	4.5
〈2-1〉	淤泥质土	17.9	8	6	0.001	3.46
〈2-3〉	中、粗砂	18.4	0	26	10	11.2
〈2-4〉	砾砂	19.8	0	28	15	12.5
〈2-5〉	粉质黏土(硬塑)	18.5	20	13	0.002	13.6
〈2-6〉	粉质黏土(软塑)	18.2	15	9	0.001	12.1
〈6-2〉	砾质黏土(硬塑)	17.7	20	18	0.5	40.0
〈12-1〉	全风化花岗岩	18.1	23	22	0.5	—
〈12-2〉	强风化花岗岩	20.5	25	28	3	—
〈12-3〉	中风化花岗岩	25	40	42	2	—

3.1.3 车库运营期渗流场和抽排水量分析

(1) 断面1计算结果

此断面采用钻孔 Z3B-TCYT-42 资料，钻孔柱状图结合围护结构和地下主体结构断面，如图3-3所示。该工况下，围护结构外侧的水位变化是由通过地下连续墙墙底的渗流引起的，该断面代表的基坑宽度为86.5m。

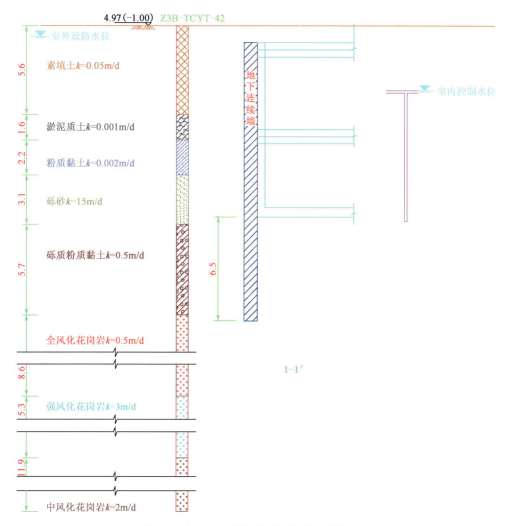

图3-3　断面1土层分布和围护结构断面(单位：m)

采用有限元软件生成的几何模型和有限元网格如图3-4和图3-5所示。

浸润线因受地下连续墙隔水作用影响，与普通降水井的浸润线有较大区别，图3-6中断面渗流量为单位弧度渗流量，以此断面为标准断面计算的总渗流量为该值乘以2π，即$430.2\mathrm{m}^3/\mathrm{d}$。周边场地水位最大降深1.6m，围护结构边场地因降水产生的最大沉降为13.5mm。

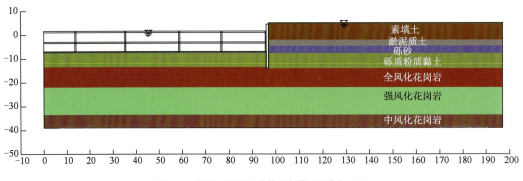

图 3-4 断面 1 有限元计算几何模型(单位:m)

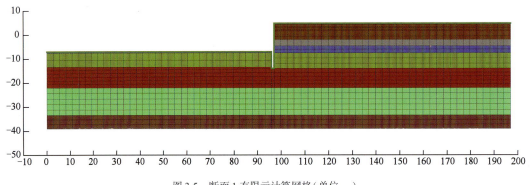

图 3-5 断面 1 有限元计算网格(单位:m)

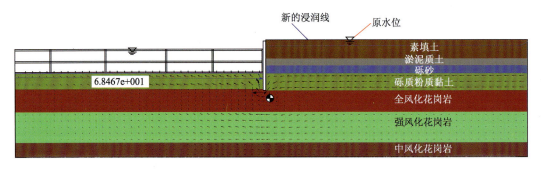

图 3-6 工况 1 坑外渗流流速矢量和浸润线图

(2)断面 2 计算结果

此断面采用钻孔 Z3B-TCYT-45 资料,结合围护结构和地下主体结构断面,如图 3-7 所示。该工况下,围护结构外侧的水位变化是由通过地下连续墙墙底的渗流引起的,该断面代表的基坑宽度为 79.5m。

采用有限元软件生成的几何模型和有限元网格如图 3-8 和图 3-9 所示。

经有限元软件计算,车库运营期,此断面稳定渗流流速矢量和浸润线以及单位宽度渗流量如图 3-10 所示,图中渗流量为单位弧度渗流量,以此断面为标准断面计算的总渗流量为 834m³/d,浸润线最大降深为 2.32m,围护结构边场地因降水产生的最大沉降量为 20.5mm。

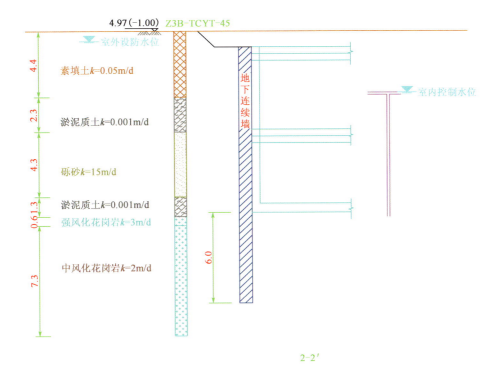

图 3-7　断面 2 土层分布和围护结构断面(单位:m)

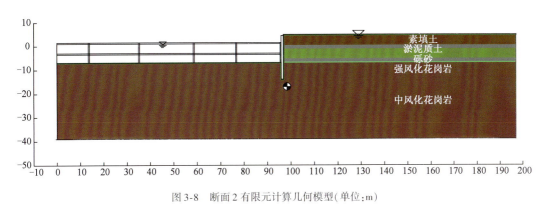

图 3-8　断面 2 有限元计算几何模型(单位:m)

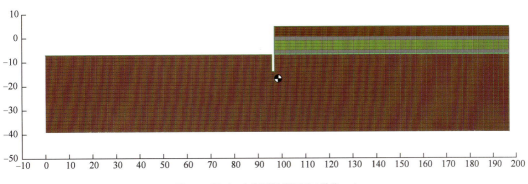

图 3-9　断面 2 有限元计算网格(单位:m)

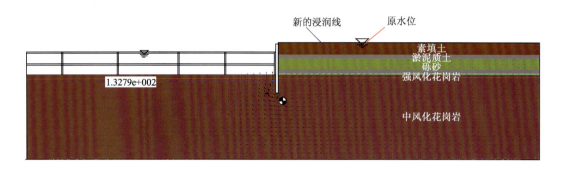

图 3-10 断面 2 稳定渗流流速矢量和浸润线图

(3) 断面 3 计算结果

此断面采用钻孔 Z3B-TCYT-40 资料,结合围护结构和地下主体结构断面,如图 3-11 所示。该工况下,围护结构外侧的水位变化是由通过地下连续墙墙底的渗流引起的(假定地下连续墙是不透水的),该断面代表的基坑宽度为 37.4m。

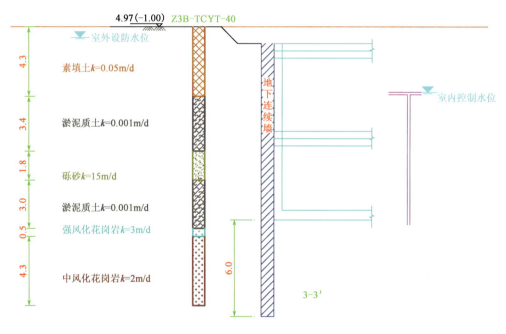

图 3-11 断面 3 土层分布和围护结构断面(单位:m)

采用有限元软件生成的几何模型和有限元网格如图 3-12 和图 3-13 所示。

图 3-14 中单位渗流量为单位弧度渗流量,以此断面为标准断面计算的总渗流量为 685.2m³/d,浸润线最大降深为 2.8m,围护结构边场地因降水产生的最大沉降量为 35mm。进一步计算表明,距离地下车库约 15m 的周边场地因地下室长期抽水而产生的沉降量为 16.5mm。

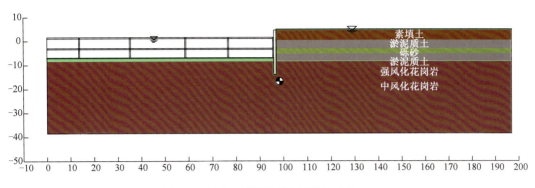

图 3-12 断面 3 有限元计算几何模型(单位:m)

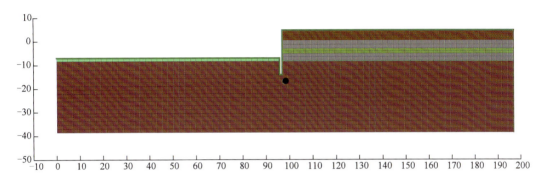

图 3-13 断面 3 有限元计算网格(单位:m)

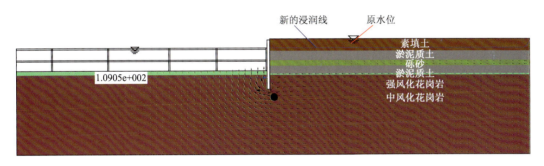

图 3-14 断面 3 稳定渗流流速矢量和浸润线图

(4)断面 4 计算结果

此断面采用钻孔 Z3B-TCYT-22 资料,结合围护结构和地下主体结构断面,如图 3-15 所示。该工况下,围护结构外侧的水位变化是由通过地下连续墙墙底的渗流引起的(假定地下连续墙是不透水的),该断面代表的基坑宽度为 121.4m。

采用有限元软件生成的几何模型和有限元网格如图 3-16 和图 3-17 所示。

经有限元软件计算,车库运营期此断面稳定渗流流速矢量和浸润线以及单位宽度渗流量如图 3-18 所示。图中渗流量为单位弧度渗流量,以此断面为标准断面计算的总渗流量为 30.8m³/d,浸润线最大降深为 0.5m。此断面计算的涌水量较小,是因为坑底存在较厚的淤泥质黏土,该层的渗流系数较小。围护结构边场地因降水产生的最大沉降量为12.1mm。进一步计算表明,距离地下车库约15m的周边场地因地下室长期抽水而产生的沉降量不超过5.6mm。

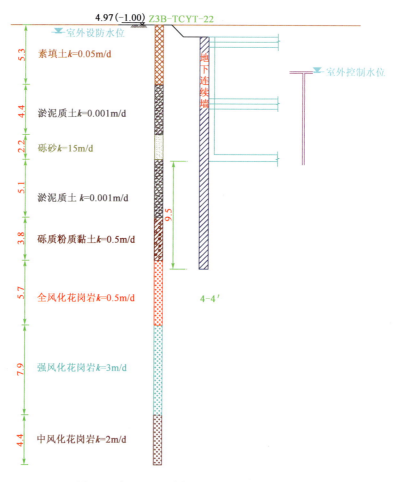

图3-15 断面4土层分布和围护结构断面(单位:m)

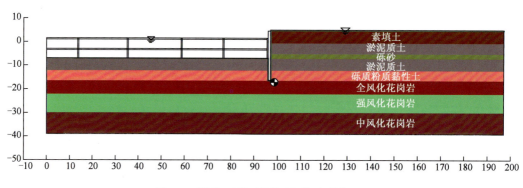

图3-16 断面4有限元计算几何模型(单位:m)

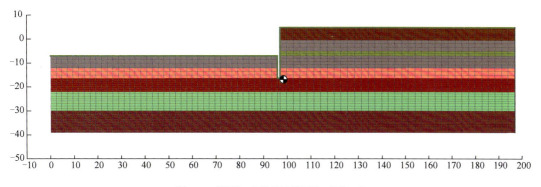

图 3-17　断面 4 有限元计算网格(单位:m)

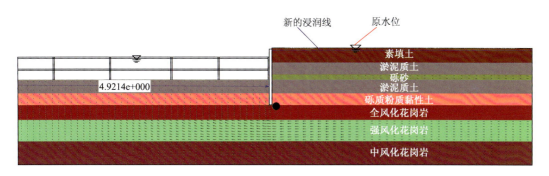

图 3-18　断面 4 稳定渗流流速矢量和浸润线图

(5)断面 5 计算结果

此断面采用钻孔 Z3B-TCYT-5 资料,结合围护结构和地下主体结构断面,如图 3-19 所示。该工况下,围护结构外侧的水位变化是由通过地下连续墙墙底的渗流引起的(假定地下连续墙是不透水的),该断面代表的基坑宽度为 82m。

采用有限元软件生成的几何模型和有限元网格如图 3-20 和图 3-21 所示。

经有限元软件计算,车库运营期此断面稳定渗流流速矢量和浸润线以及单位宽度渗流量如图 3-22 所示。图中渗流量为单位弧度渗流量,采用此断面为标准断面计算的总渗流量为 564.2 m^3/d,浸润线最大降深为 4.74m,围护结构边场地因降水产生的沉降为 22.5mm。进一步分析表明,距离地下车库约 15m 的周边场地因地下室长期抽水而产生的沉降不超过 14.5mm。

(6)断面 6 计算结果

此断面采用钻孔 Z3B-TCYT-3 资料,结合围护结构和地下主体结构断面,如图 3-23 所示。该工况下,围护结构外侧的水位变化是由通过地下连续墙墙底的渗流引起的(假定地下连续墙是不透水的),该断面代表的基坑宽度为 86.8m。

采用有限元软件生成的几何模型和有限元网格如图 3-24 和图 3-25 所示。

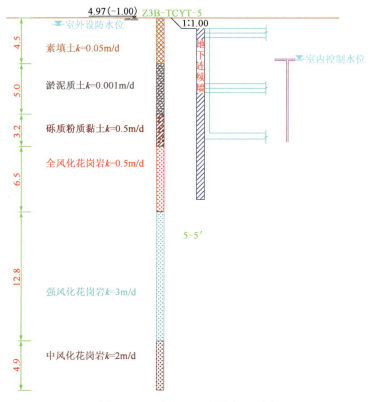

图 3-19 断面 5 土层分布和围护结构断面(单位:m)

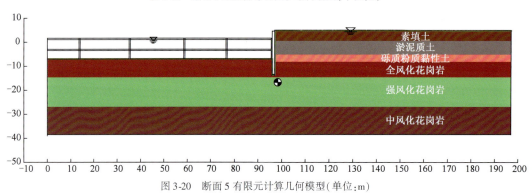

图 3-20 断面 5 有限元计算几何模型(单位:m)

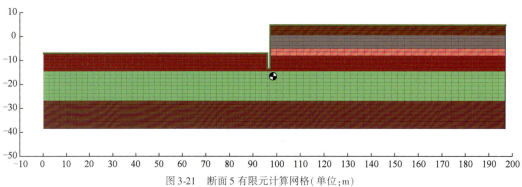

图 3-21 断面 5 有限元计算网格(单位:m)

第3章 控制泄排水抗浮机理数值分析

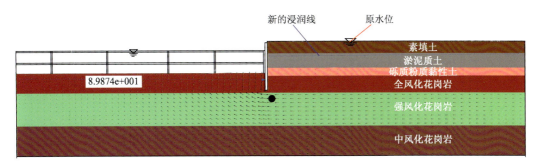

图 3-22 断面 5 稳定渗流流速矢量和浸润线图

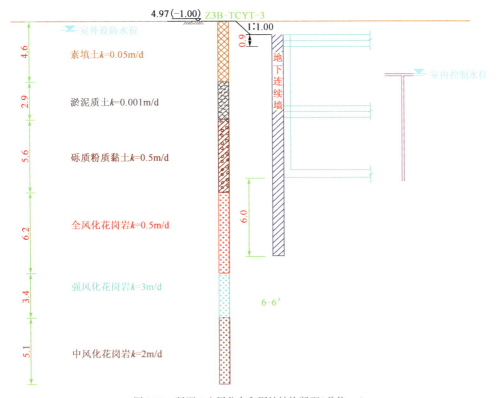

图 3-23 断面 6 土层分布和围护结构断面(单位:m)

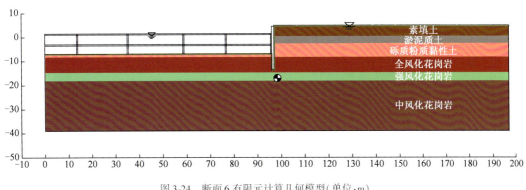

图 3-24 断面 6 有限元计算几何模型(单位:m)

39

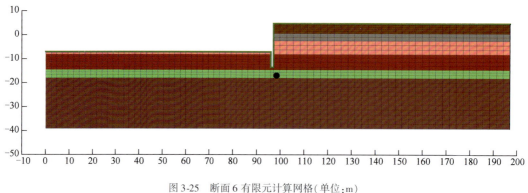

图 3-25　断面 6 有限元计算网格(单位:m)

经有限元软件计算,车库运营期此断面稳定渗流流速矢量和浸润线以及单位宽度渗流量如图 3-26 所示。图中渗流量为单位弧度渗流量,采用此断面为标准断面计算的总渗流量为 508.1m³/d,浸润线最大降深为 4.86m,围护结构边场地因降水产生的沉降为 22.7mm,距离地下车库约 15m 的周边场地因地下室长期抽水而产生的沉降不超过 13.5mm。

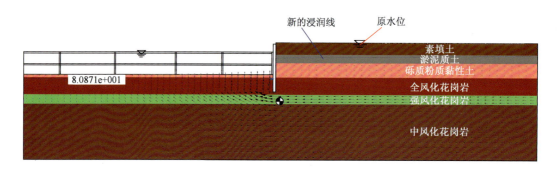

图 3-26　断面 6 稳定渗流流速矢量和浸润线图

(7)断面 7 计算结果

此断面采用钻孔 Z3B-TCYT-7 资料,结合围护结构和地下主体结构断面,如图 3-27 所示。该工况下,围护结构外侧的水位变化是由通过地下连续墙墙底的渗流引起的(假定地下连续墙是不透水的),该断面代表的基坑宽度为 79.4m。

采用有限元软件生成的几何模型和有限元网格如图 3-28 和图 3-29 所示。

经有限元软件计算,车库运营期此断面稳定渗流流速矢量和浸润线以及单位宽度渗流量如图 3-30 所示。图中渗流量为单位弧度渗流量,以此断面为标准断面计算的总渗流量为 647.5m³/d,浸润线最大降深为 4.56m,围护结构边场地因降水产生的沉降为 29.4mm。进一步分析表明,距离地下车库约 15m 的周边场地因地下室长期抽水而产生的沉降不超过 16.5mm。

第3章 控制泄排水抗浮机理数值分析

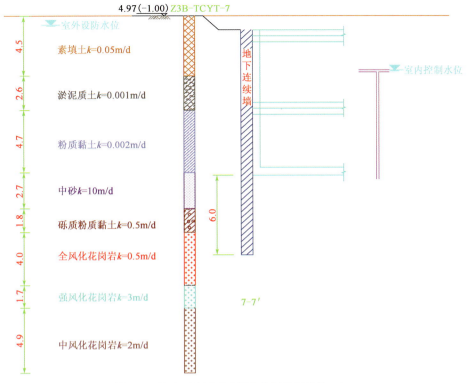

图 3-27 断面 7 土层分布和围护结构断面（单位：m）

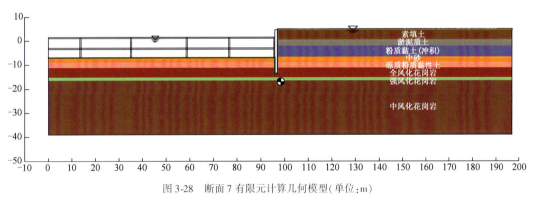

图 3-28 断面 7 有限元计算几何模型（单位：m）

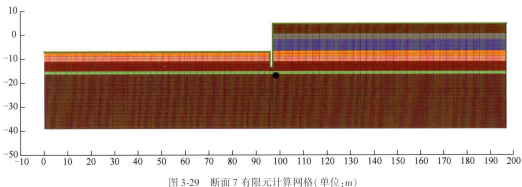

图 3-29 断面 7 有限元计算网格（单位：m）

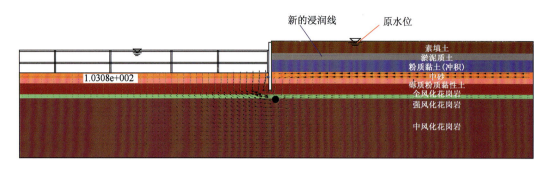

图 3-30 断面 7 稳定渗流流速矢量和浸润线图

(8) 断面 8 计算结果

此断面采用钻孔 Z3B-TCYT-17 资料,结合围护结构和地下主体结构断面,如图 3-31 所示。该工况下,围护结构外侧的水位变化是由于通过地下连续墙墙底的渗流引起的(假定地下连续墙是不透水的),该断面代表的基坑宽度为 79.4m。

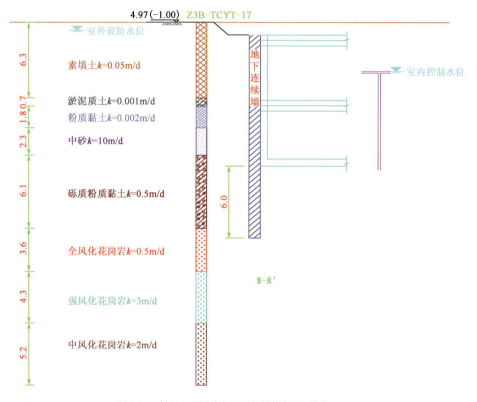

图 3-31 断面 8 土层分布和围护结构断面(单位:m)

采用有限元软件生成的几何模型和有限元网格如图 3-32 和图 3-33 所示。

经有限元软件计算,车库运营期此断面稳定渗流流速矢量和浸润线以及单位宽度渗流量如图 3-34 所示。图中渗流量为单位弧度渗流量,以此断面为标准断面计算的总渗流量为 726.6m³/d,浸润线最大降深为 4.2m,围护结构边场地因降水产生的沉降为 26.5mm。进一步分析表明,距离地下车库约 15m 的周边场地因地下室长期抽水而产生的沉降不超过 14mm。

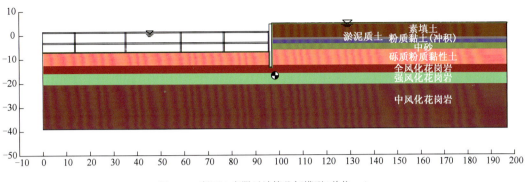

图 3-32 断面 8 有限元计算几何模型(单位:m)

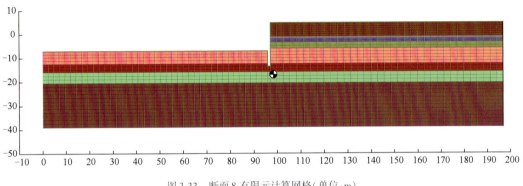

图 3-33 断面 8 有限元计算网格(单位:m)

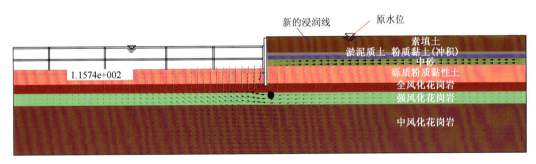

图 3-34 断面 8 稳定渗流流速矢量和浸润线图

(9)小结

通过渗流有限元软件计算和相关分析,各个断面计算结果如表 3-3 所示。

计算结果汇总   表 3-3

断面序号	各断面代表的计算宽度	浸润线最大降深 (m)	单位渗流量 q_i [m^3/(d·弧度)]	各断面在计算总渗流量中的权重 μ_i
断面 1	86.5	1.6	68.5	0.13
断面 2	79.5	2.3	132.8	0.12
断面 3	37.4	2.8	109.1	0.06

续上表

断面序号	各断面代表的计算宽度	浸润线最大降深（m）	单位渗流量 q_i [m³/(d·弧度)]	各断面在计算总渗流量中的权重 μ_i
断面4	121.4	0.5	4.92	0.19
断面5	82	4.8	89.9	0.13
断面6	86.8	4.9	80.9	0.13
断面7	79.4	4.6	103.1	0.12
断面8	79.4	4.2	115.8	0.12
综合单位渗流量[m³/(d·弧度)]				80.9
总渗流量（m³/d）				507.5

表中，综合单位渗流量采用如下公式计算：

$$q_d = \sum q_i \mu_i$$

总渗流量按下式计算：

$$Q = 2\pi q_d$$

由表3-3所示，计算总渗流量为507.5 m³/d。建议渗流量安全系数取2，设计总泄水量为1015 m³/d。

周边场地因长期抽水产生的沉降计算值如表3-4所示。

沉 降 计 算 值　　　表3-4

位置	围护结构边最大沉降量(mm)	围护结构外3m地面预测沉降量(mm)	围护结构外15m地面预测沉降量(mm)	备 注
北侧	17.0	—	—	空地
东侧	30.5	19.5	16.5	多层建筑场地
南侧	22.6	14.1	13.5	多层建筑场地
西侧	28.0	17.3	15.4	多层建筑场地

3.2 反滤层的设计和输排水系统水头损失

3.2.1 反滤层的设计建议

原抗浮设计，为保证地下水渗流出地面时地基土颗粒不被地下渗流所带出，造成潜蚀的后果，在地下室渗透排水层之下设置土工布反滤层，而且对于地下室基坑以下的不良土质，采取换土和搅拌桩加固处理的方法进行改良。对于土工布的选型，根据中国铁道科学研究院工程经验，建议如下：

土工布反滤层的选型是根据国家标准《土工合成材料应用技术规范》（GB 50290—1998）（现行规范为2014版）和基坑土颗粒分析的试验结果而计算确定。

(1) 反滤准则

反滤准则计算公式为:

$$O_{95} \leq B d_{85}$$

式中:O_{95}——土工织物的等效孔径(mm);

d_{85}——土的特征粒径(mm),按土中大于该粒径土粒质量占土粒总质量的85%确定;

B——系数,取1~2,当土中的细颗粒含量大,及为往复水流的情况,取小值。

对于黏土,根据以往的土颗粒分析试验结果:$d_{85} = 0.007$mm,B可取为1.5,$O_{95} \leq 0.105$mm。

(2) 透水性要求

透水性要求计算公式为:

$$k_g \geq A k_s$$

式中:k_g——土工布的垂直渗透系数;

k_s——土的渗透系数,根据土工试验,砾质黏性土平均渗透系数为5×10^{-5}cm/s;

A——系数,取值大于10。

所以要求的土工布垂直渗透系数$k_g \geq 5.0 \times 10^{-4}$cm/s。

(3) 土工布性能要求

土工布的强度和其他力学指标必须满足国家有关反滤型土工布的规定,具体数据列于表3-5。

土工布技术参数要求　　　　表3-5

项　目	计量单位	国标要求	本设计要求
单位面积质量	g/m²	500	500
厚度	mm	≥3.4	≥3.4
抗拉强度(纵向)	kN/m	25.0	25.0
抗拉强度(横向)	kN/m	25.0	25.0
断裂伸长率(纵向)	%	40~80	40~80
断裂伸长率(横向)	%	40~80	40~80
梯形撕裂强度(纵向)	N	≥700	≥700
梯形撕裂强度(横向)	N	≥700	≥700
CBR顶破强度	kN	≥4.7	≥4.7
垂直渗透系数	cm/s	$1.0 \times (10^{-3} \sim 10^{-1})$	$\geq 1.0 \times 10^{-3}$
等效孔径O_{95}	mm	0.07~0.2	≤0.105

3.2.2 输排水系统水头损失

为减少地下室的浮力,设计要求整个排水系统的水头损失越小越有利。根据设计单位提供的资料,实际计算中,水流在垫层内和输水管内的流动会在垫层内部和输水管入水口和出水口间产生水头差。

(1) 输水管水头损失

原设计拟采用8个取水口,采用立管和横管将碎石垫层内的渗水排到取水口内,输水管道的沿程水头损失和局部水头损失与输水系统的布置有关,根据谢才公式,当管径较粗、流速较低时,可不考虑本部分的损失,根据前文内容,整个室内计算排泄量为507.5m³/d,单根立管的流量为63.5m³/d,立管采用D180×3不锈钢立管,则立管内的流速为3.1×10^{-2}m/s(1.9m/min),流速较小,因此本部分的水头损失可不计。

(2) 碎石垫层水头损失

考虑到地下室底板之下,满铺0.5m厚的碎石垫层,用以收集、导出底板之下土层中渗出的地下水,设计要求碎石垫层的设计有良好的排水效果,损失的水头越小越有利。

每根立管的影响面积为:

$$a = \frac{A}{n}$$

式中:A——总汇水面积;

n——立管数量,取8。

计算得到 a 为2735m²,其影响范围如图3-35中阴影区所示。

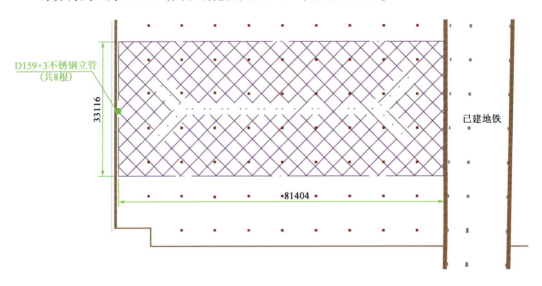

图3-35 单立管影响面积(尺寸单位:mm)

图中单根立管计算出水量为 $Q_g = 63.5$m³/d,场地内单位面积渗出量 $q = Q_g/A = 2.696\times10^{-7}$m/s,垫层的厚度 b 取0.5m,垫层渗透系数 k 取500m/d(5.787×10^{-3}m/s),采用流体力学有限元法计算得到场地内水头等值线云图及矢量图如图3-36~图3-39所示。

根据上述计算结果,立管的底端与地下范围内的最大渗流水头差最大值为0.52m,因此地下室范围局部的水压力会大于原设计中所预定点的设计水位(绝对标高 -1.4)的水压力。为了保证安全,应该适当加大降深,或者采取其他有效的措施。

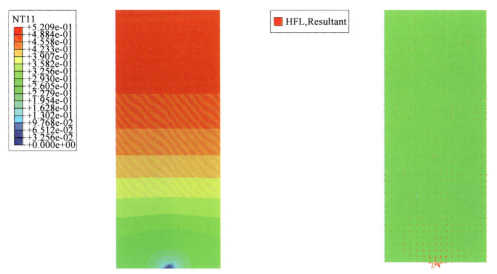

图 3-36 立管影响区内水头差等值线云图(单位:m)　　图 3-37 立管影响区内流速矢量图

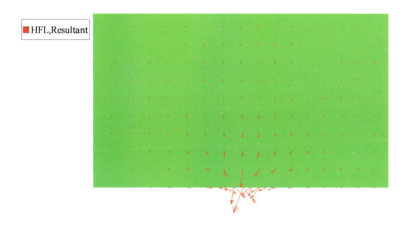

图 3-38 立管影响区内流速矢量局部放大图

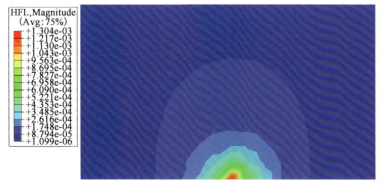

图 3-39 单立管影响区内流速等值线云图(局部放大)

3.3 结　　论

(1)根据有限元计算,地下车库运营期平均渗水量为507.5m³/d,建议渗流量设计安全系数取2,设计抽排水量即为1015m³/d。

(2)根据有限元计算,浸润线因受地下连续墙隔水作用影响,与普通降水井的浸润线有较大区别,各断面浸润线最大降深不同,浸润线最大降深为4.9m,80m以外的水位降深变化仅0.5m。

(3)预测距离围护结构15m远处场地因长期抽排水引起的最大地面沉降量为16.5mm。

(4)根据以上计算结果分析,本次设计方案水头降深较大,因长期抽排地下水引起的周边场地水位下降变化较原方案大,为避免抽排地下水可能带来的不利影响,建议适当提高车库内部抗浮控制设计水位,抽排水控制水位与抗浮设防水头差(场地外抗浮设计水位减去室内抗浮设计水位)不宜超过4.5m。

第4章 工程设计及施工概述

4.1 工程地质和水文地质

4.1.1 工程地质

本节根据中铁二院工程集团有限责任公司(简称铁二院)提供的深圳市益田村中心广场地下停车库工程详细勘察报告编写。

1)地形地貌

停车库范围处于海冲积平原区,地形平坦。地面高程4.0~7.0m。车库四周紧邻周边小区道路,道路另外一侧为小区住宅楼。本场址范围内街道、楼宇密布,商业发达。

2)地层岩性

停车库范围上覆地层主要为第四系全新统人工填筑土(Q_4^{ml})、淤泥质土(Q_4^m)、砂层(Q_4^m)、砾(砂)质黏性土(Q^{el}),下伏基岩为燕山期(γ_5^3)花岗岩。

(1)分层依据

①不同的岩、土类别。如砂、黏性土、风化岩层等。

②岩土不同的成因时代。如全新统冲洪积层、残积层等。

③岩土不同的状态。如可塑的残积土、硬塑的残积土等。

(2)岩土层特征

按上述分层依据,结合本工程地质断面划分岩土层。每个岩土层描述如下:

〈1-1〉素填土(Q^{ml})

灰黄色、褐黄色,主要由砾质、砂质黏土组成,夹少量的碎石及砾砂,可塑~硬塑状,稍经压实。场地内广泛分布于地表,厚3.60~8.50m,$\rho=1.75~1.94 \mathrm{g/cm^3}$,天然快剪黏聚力$c=11.1~28.4 \mathrm{kPa}$,$\varphi=16.8°~23.6°$,$\alpha_{0.1~0.2}=0.28~0.83 \mathrm{MPa^{-1}}$,$E_{s0.1~0.2}=2.52~5.97 \mathrm{MPa}$,属中~高压缩性土。

〈2-1〉淤泥、淤泥质土(Q_4^m)

淤泥:灰黑色,流塑状,由粉、黏粒组成,含有机质及少量贝壳;淤泥质土:灰色~深灰色,软塑~流塑状,土质均匀,含有机质及少量粗砂;局部夹砂层。厚0.60~6.20m,埋深3.50~

12.30m,$\rho = 1.62 \sim 1.9\text{g/cm}^3$,天然快剪黏聚力 $c = 8.9 \sim 19.0\text{kPa}$,$\varphi = 1.4° \sim 5.3°$,$\alpha_{0.1 \sim 0.2} = 0.46 \sim 1.29\text{MPa}^{-1}$,$E_{s0.1 \sim 0.2} = 1.97 \sim 4.24\text{MPa}$,属中~高压缩性土。

〈2-2〉细砂(Q_4^m)

灰黄、灰白色,饱和,含较多黏粒,由细砂混较多黏性土组成,厚1.30~4.20m,埋深8.50~12.50m。呈透镜体状零星分布。

〈2-3〉中、粗砂(Q_4^m)

灰黄、灰白、深灰等色,饱和、松散~稍密状,级配较好,含少量淤泥。厚0.80~4.80m,埋深5.70~12.40m。呈层状分布于人工填土及淤泥质土之下,局部缺失。

〈2-4〉砾砂(Q_4^m)

灰黄色,稍密,饱和,分选性差,浑圆状,成分以石英为主,粒径2~4cm砾占30%~45%,粉粒约占10%,其余为中细砂。厚0.50~7.10m,埋深5.90~16.00m。呈透镜体状分布。

〈2-5〉粉质黏土(Q_4^m)

灰白、浅黄色,可塑~硬塑状,由粉、黏粒组成,黏粒较多,局部相变为黏土,厚1.40~4.70m,埋深6.60~10.60m,呈透镜体状分布。$\rho = 1.56 \sim 1.95\text{g/cm}^3$,天然快剪黏聚力 $c = 22.8 \sim 32\text{kPa}$,$\varphi = 13° \sim 13.7°$,$\alpha_{0.1 \sim 0.2} = 0.24 \sim 0.50\text{MPa}^{-1}$,$E_{s0.1 \sim 0.2} = 4.28 \sim 6.82\text{MPa}$,属中压缩性土。

〈2-6〉粉质黏土(Q_4^m)

灰色、黄褐色,软塑,由粉、黏粒组成,土质不均,局部含砂多呈粉土状。呈透镜体状零星分布,厚0.80~4.90m,埋深6.00~11.60m,$\rho = 1.6 \sim 2.06\text{g/cm}^3$,天然快剪黏聚力 $c = 9 \sim 32.4\text{kPa}$,$\varphi = 8.6° \sim 13.2°$,$\alpha_{0.1 \sim 0.2} = 0.32 \sim 0.94\text{MPa}^{-1}$,$E_{s0.1 \sim 0.2} = 2.37 \sim 5.73\text{MPa}$,属中等压缩性土。

〈6-1〉砾(砂)质黏性土(Q^{el})

红褐、黄褐夹暗黑色、灰白色等。可塑,局部硬塑,质地不均,含15%~25%的石英砾、砂,由下伏花岗岩残积而成。岩芯呈土柱状。主要呈透镜体状分布在海、冲积层之下,厚2.70~6.20m,埋深13.30~16.50m,$\rho = 1.75 \sim 1.96\text{g/cm}^3$,天然快剪黏聚力 $c = 19 \sim 27.9\text{kPa}$,$\varphi = 19.8° \sim 23.2°$,$\alpha_{0.1 \sim 0.2} = 0.23 \sim 0.77\text{MPa}^{-1}$,$E_{s0.1 \sim 0.2} = 2.67 \sim 7.13\text{MPa}$,属中~低压缩性土。

〈6-2〉砾(砂)质黏性土(Q^{el})

褐红、褐黄色、灰白色,硬塑状,局部可塑状。质地不均匀,含较多石英砾,由下伏花岗岩残积而成。岩芯呈土柱状。主要呈层状分布在海积层及〈6-1〉层之下,基岩面之上,厚0.30~13.70m,埋深7.7~18.2m,$\rho = 1.78 \sim 1.84\text{g/cm}^3$,天然快剪黏聚力 $c = 26.8 \sim$

27.4kPa，$\varphi = 17.7° \sim 23.2°$，$\alpha_{0.1\sim0.2} = 0.21 \sim 0.54 \text{MPa}^{-1}$，$E_{s0.1\sim0.2} = 3.35 \sim 8.31 \text{MPa}$，属中~低压缩性土。

〈12-1〉全风化花岗岩(γ_5^3)

褐红、褐黄、青灰色，岩石风化强烈，组织结构可辨析，岩芯呈坚硬土柱状，遇水软化。矿物成分除石英质残留外，其他已基本风化呈土状。场地内层状分布于残积土之下，厚度变化大，厚1.20~15.50m，埋深10.00~25.00m，$\rho = 1.64 \sim 1.96 \text{g/cm}^3$，天然快剪黏聚力$c = 21.3 \sim 36.9 \text{kPa}$，$\varphi = 16.8° \sim 25.2°$，$\alpha_{0.1\sim0.2} = 0.22 \sim 0.52 \text{MPa}^{-1}$，$E_{s0.1\sim0.2} = 3.47 \sim 7.84 \text{MPa}$，属低压缩性土。

〈12-2-1〉强风化花岗岩(γ_5^3)

褐黄、暗灰、褐红等色，岩石风化强烈，岩芯呈砂土状为主，风化不均匀，夹约5%的角砾状强风化碎石，手可折断，遇水软化崩解。场地内透镜体状分布于〈12-1〉及〈6-2〉之下，厚度及埋深变化大，埋深16.5~33.5m。部分钻孔该层未揭穿。

〈12-2〉强风化花岗岩(γ_5^3)

褐红、褐黄等色，岩石风化呈半岩半土状及碎块状，岩芯呈坚硬土夹碎块状，碎块用手难折断，遇水易软化。场地内分布较广，厚度及埋深变化大，埋深11.10~33.60m。

〈12-3〉中等风化花岗岩(γ_5^3)

肉红、红褐色夹灰白色，粗粒结构，块状构造，矿物成分主要为石英、长石、云母。岩石节理裂隙发育，岩芯多呈短柱状、少量块状及柱状。岩石致密、坚硬，锤击声脆。取岩样试验：天然密度$\rho = 2.52 \sim 2.58 \text{g/cm}^3$，天然极限抗压强度$f_r = 25.1 \sim 40.3 \text{MPa}$；据波速测试，中等风化花岗岩波速为2360.9~2658.5m/s。属较硬岩类。

〈12-4〉微风化花岗岩(γ_5^3)

肉红色夹灰白、褐黑色斑点，粗粒结构，块状构造，断口新鲜，矿物成分主要为石英、长石、云母，岩体裂隙不发育，岩体较完整，岩芯多呈柱状及长柱状，岩石致密、坚硬，锤击声脆。取岩样试验：天然密度$\rho = 2.56 \sim 2.60 \text{g/cm}^3$，天然极限抗压强度$f_r = 41.3 \sim 124.2 \text{MPa}$；据相邻工点波速测试，微风化花岗岩波速为3391~4805m/s。属于坚硬岩类。

(3)土层物理力学性质指标

根据勘察报告土工试验结果，与基坑支护相关土层的物理力学性质指标如表4-1所示。

土层的物理力学性质指标　　　　表4-1

地层编号	岩土名称	重度(kN/m³)	抗剪强度指标		渗透系数(m/d)
			c(kPa)	φ(°)	
〈1-1〉	素填土	18.5	15	10	0.05
〈2-1〉	淤泥质土	17.9	8	6	0.001
〈2-3〉	中、粗砂	18.4	0	26	10

续上表

地层编号	岩土名称	重度(kN/m³)	抗剪强度指标 c(kPa)	抗剪强度指标 φ(°)	渗透系数(m/d)
⟨2-4⟩	砾砂	19.8	0	28	15
⟨2-5⟩	粉质黏土(硬塑)	18.5	20	13	0.002
⟨2-6⟩	粉质黏土(软塑)	18.2	15	9	0.001
⟨6-2⟩	砾质黏性土(硬塑)	17.7	20	18	0.5
⟨12-1⟩	全风化花岗岩	18.1	23	22	0.5
⟨12-2⟩	强风化花岗岩	20.5	—	28	3
⟨12-3⟩	中风化花岗岩	25.0	—	42	2

4.1.2 水文地质

车库范围地下水主要有第四系孔隙水、基岩裂隙水。

第四系孔隙潜水主要赋存于海积砂层及沿线砂(砾)质黏土层中。地下水位埋深2.40~5.30m,以孔隙微承压水为主,主要由大气降水补给。受季节影响、潮汐差异,车库附近有海水入侵,使得地下水均微咸。第四系孔隙水,水量较丰富,水质易被污染。

岩层裂隙水较发育,但广泛分布在花岗岩的中~强风化带及构造节理裂隙密集带中。富水性因基岩裂隙发育程度、贯通度及胶结程度、与地表水源的连通性而变化,主要由大气降水、孔隙潜水补给,局部具有承压性。

地下水径流方向为由北向南,地下水直接流入大海。

拟建场地的地下水对混凝土结构具有弱腐蚀性,对钢筋混凝土中的钢筋具有中等~强腐蚀性,对钢结构具有弱~中等腐蚀性。

(1)地下水类型及赋存

停车库范围地下水主要有第四系孔隙水、基岩裂隙水。第四系孔隙潜水主要赋存于海积砂层及沿线砂(砾)质黏土层中。地面高程大多在4.5~7.0m,地下水位埋深2.10~5.30m,钻探期间平均稳定地下水位高程为3.2m,以孔隙微承压水为主,主要由大气降水补给。受季节影响、潮汐差异,车库附近有海水入侵,使得地下水均微咸。第四系孔隙水,水量较丰富,水质易被污染。

岩层裂隙水较发育,但广泛分布在花岗岩的中~强风化带及构造节理裂隙密集带中。富水性因基岩裂隙发育程度、贯通度及胶结程度、与地表水源的连通性而变化,主要由大气降水、孔隙潜水补给,局部具有承压性。

停车库邻近海边,且遇暴雨时,部分地表积水,根据设计单位提供的抗浮设计方案,停车库的抗浮水位建议为低洼处的地表高程(黄海高程,绝对高程+4.3m)。

(2)地下水的补给、径流、排泄及动态特征

地表水、松散岩类孔隙水相互间的水力联系较为密切,相互补给,二者同基岩裂隙水联系较弱,同时还受大气降水、蒸发、植物蒸腾的影响。通常降水充沛的丰水期,一般是地表水补给地下水,相反,在降水稀少的枯水期,地下水补给地表水。

地下水的渗流方向主要受地形控制,从地下水位反映的形态看,地势高则地下水水位高,反之则地下水位低。站区地下水径流方向为由北向南,地下水直接流入大海。

地下水的动态类型主要分为两种,松散岩类孔隙潜水主要为日间周期变化型,受河水影响,水位变化频率较高,升降幅度不大;基岩裂隙水多为年周期变化型,一年之内有一个水位高峰和一个水位低谷,滞后于降雨时间较长,水位升降幅度较大。

(3)岩土层的富水性及渗透性

本场地地层在垂直剖面上,自上而下为人工填土、淤泥质土、砂层、黏性土、残积层、基岩全、强风化及中等风化。

①本场地内人工素填土广泛分布,厚3.60~8.50m,富水性弱,渗透系数差异较大,渗透系数$k=0.05$m/d,为弱透水层。

②本场地粉细砂站区局部分布,一般厚1.30~4.20m,多由细砂组成,含中砂及黏性土,富水性中等,渗透系数$k=5$m/d,为中等透水层。

③本场地中砂站区局部分布,一般厚0.80~4.80m,多由中、粗砂组成,含较多黏性土,富水性中等,渗透系数$k=10$m/d,为强透水层。

④本场地砾砂零星分布,稍密、饱和、分选性差,浑圆状,成分以石英为主,粒径2~4cm砾占30%~45%,粉粒约占10%,其余为中细砂。一般厚0.50~7.10m,富水性中等,渗透系数$k=20$m/d,为强透水层。

⑤本场地粉质黏土呈透镜状分布,富水性及透水性均弱,渗透系数$k=0.001~0.002$m/d,为微透水层。

⑥本场地残积层广泛分布于基岩顶面,厚度变化较大,厚0.30~13.70m,多为粉质黏土,含10%~20%的石英砾,可塑~硬塑状,富水性弱,渗透系数$k=0.25~0.5$m/d,为弱透水层。

⑦本场地基岩全风化层位于残积层下,广泛分布,含水性能与残积层相似,富水性弱,渗透系数$k=0.5$m/d,为弱透水层。

⑧本场地基岩强风化半岩半土状强风化层〈12-2〉,渗透系数$k=3$m/d。

⑨本场地基岩中等风化层连续稳定分布,裂隙较发育,富水性弱,渗透系数$k=2.0$m/d,为中等透水层。

4.2 控制泄排水抗浮设计

4.2.1 益田基坑控制泄排水抗浮设计方案

本工程抗浮方案拟采用结构自重(含覆土)加控制泄排水抗浮方案。根据设计方案和2010年2月1日铁二院设计工作联系单《关于益田村中心广场地下停车库泄水降压系统设计要求调整的函》,设计水位降深由3.4m改为5.7m(水位高程从+4.3m降到-1.4m),拟设8个取水口和8根立管,立管直径180mm,如图4-1、图4-2所示。

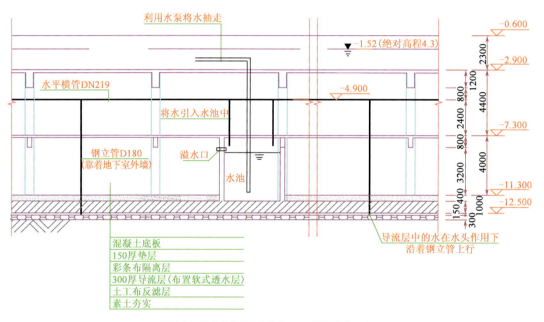

图4-1　泄水系统(尺寸单位:mm;高程单位:m)

本项目运营期抗浮采用覆土自重加控制泄排水抗浮设计,该方案关键问题是在基坑围护结构、止水结构长期存在条件下,室内地下水的每日抽排量和场地周围地下水流场变化,以及抽水对周围环境的影响。

本书将针对上述问题,结合实际工程条件,通过有限元方法和理论计算,对坑内抽排水量和运营期室外长期水位变化等进行计算,并对原设计方案进行咨询建议,为工程决策提供依据,并提出分析评估报告。本书主要采用定量分析的方法,给出的结论较为明确,可以作为指导工程设计、施工的依据。

为合理简化并且不影响分析精度,分析中采用了如下假定:

(1)该工程地下室开挖面基本是正方形,为简化计算,计算模型简化为轴对称圆形,圆形面积与正方形面积相等。

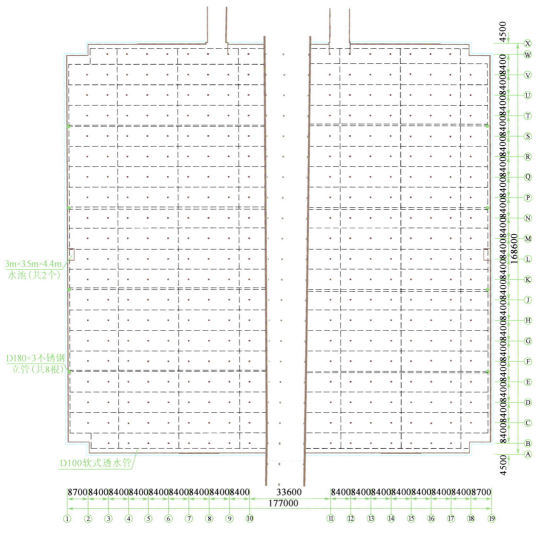

图4-2 滤水层软式透水管平面和立管布置(尺寸单位:mm)

(2)场地周围抗浮设计水位根据原设计方案取绝对高程+4.3m,坑内设防水位绝对高程-1.4m。

(3)各土层渗透系数为各向同性。

4.2.2 抗浮方案的选择

该地下停车库顶板覆土只有1.3m,其地面为小区休闲广场,没有规划高层建筑,上部荷载较小;且地下水位较高(设计水位为-1.5m),并对钢筋有中等腐蚀性,结构抗浮问题比较突出。考虑锚杆、抗拔桩、泄水引流三种抗浮方式。

(1)锚杆抗浮

采用$\phi180$预应力锚杆,按$2.1m \times 2.1m$布置,抗拔设计承载力特征值为400kN,数量约

5500根,根据地质报告计算需进入强风化岩层。由于锚杆截面小,表面积与体积之比大,施加预应力后增加了应力腐蚀的因素,容易受到腐蚀,因此,由于截面小,不易振捣密实,需要采取压力灌浆等措施保证成桩质量。在本工程的环境中,锚杆的防腐处理工作量也很大,费用相应提高。锚杆抗浮方案可略减小底板厚度100~200mm,在造价上以一个柱网8.4m×8.4m计,需锚杆15根,锚杆长度约为20m,一个柱网的抗浮造价约为9万元。

(2)钻(冲)孔灌注桩抗浮

采用φ1000钻(冲)孔灌注桩抗浮(图4-3),桩按4.2m×4.2m布置,抗拔设计承载力特征值为1200kN,桩端进入全风化花岗岩不小于7m,由于桩直径较大,相对表面积与体积之比较小,受地下水的腐蚀影响小,由于布置间距大,能比较充分地利用承压桩的抗浮能力,同时截面大,成桩质量更有保证,无须采用特别措施。从造价上看,以一个柱网8.4m×8.4m计,需钻孔桩3根,桩长约为15m,一个柱网的造价约为8万元。

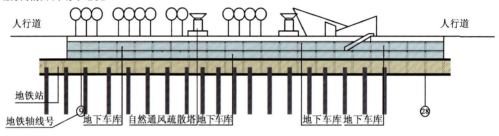

a) 1-1剖面

b) 2-2剖面

图4-3 钻孔灌注桩抗浮方案

(3)控制泄排水抗浮

本工程地下连续墙进入了基坑底下的弱透水层,并基本切断了基坑内、外的水力联系;地下水只能通过弱透水层绕流过地下连续墙到达底板下。通过在底板下设置反滤层排泄一部分地下水,控制底板下地下水的压力,使地下车库的水浮力与结构自重及覆土重达到一定的平衡,从而解决抗浮问题。不需设置抗拔桩及锚杆等结构工程,只需增加过滤水、排水工程(图4-4)的一次性投资及后期维护成本,较锚杆及抗拔桩抗浮方案减少投资2000多万元。同时,因施工开挖至基底时,不需施工相关锚杆或抗拔桩,减少了基底暴露时间,及时封闭底板,有利于基坑施工的安全,也节约了工期3~4个月。

 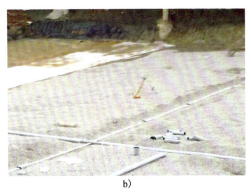

a)   b)

图 4-4 底板下反滤层施工现场

4.2.3 控制泄排水抗浮方案

(1) 方案介绍

按照结构力学的计算方法,浅埋、明挖法施工的地下工程在设计中可不考虑地层的侧向弹性反力,其抗浮计算公式为:

$$K = \frac{Q_重}{Q_浮} \geqslant 1.0 \tag{4-1}$$

式中:K——抗浮安全系数;

$Q_重$——结构自重、设备及上部覆土重力之和;

$Q_浮$——地下水浮力。

大多数地下结构工程水浮力 $Q_浮$ 采用静水压力:

$$Q_浮 = h_静 \gamma_A$$

式中:$h_静$——结构底板水位高度;

γ——水的重度;

A——结构底板的面积。

如果允许地下水穿过底板、流入地下结构内部的排水体系中,形成地下水在地下结构内外的渗流体系,那么地下结构底板下的水压为动水压,即

$$Q_浮 = h_动 \gamma_A = (h_静 - h_计 - h_损)\gamma_A < h_静 \gamma_A$$

式中:$h_动$——动水压中结构底板相对水位高度;

$h_计$——动水压中的初始降低设计水头;

$h_损$——动水压中的水头损失。

可见,针对同一埋深,地下结构的动水压力要小于净水压力。泄水引流的抗浮方案主要就是利用这一原理。

在本工程实例中,基坑外侧的地下水绕流过地下连续墙,穿过底板下由土工布、粗砂、碎石层、盲管、隔离层组成的反滤层(图 4-5),进入立管、水平管、溢流池等排水体系中(图 4-6),从而形成了动水压,减小水浮力 $Q_{浮}$,解决了地下结构的抗浮设计问题。同时,在车库地面南侧设一水池,将收集来的水用于整个小区的绿化灌溉和回灌地下水,达到水的循环利用,节约宝贵的水资源。

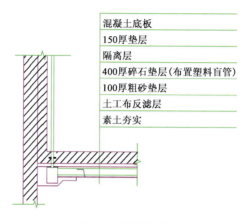

图 4-5　反滤层设计

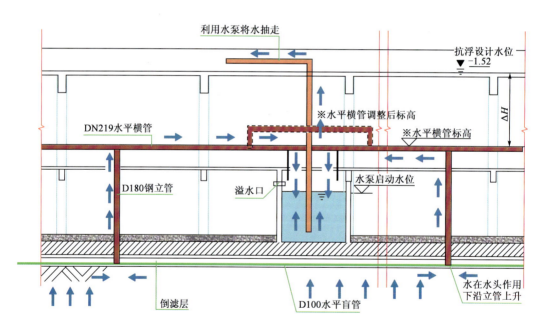

图 4-6　地下水流线

(2)控制排水高程的确定

动水压力中的 $h_{动}$ 由 $h_{静}$、$h_{计}$、$h_{损}$ 三个因素控制。其中,$h_{静}$ 为固定值,地下水位明确后便可稳定;$h_{损}$ 是在 $h_{计}$ 稳定后,利用达西定律、通过有限元数值模拟或经验公式计算得出;$h_{计}$ 是确定 $h_{动}$ 的关键,可通过多次设定,使动水压力产生的水浮力与结构自身及上部荷载的总和基本相同,并在综合考虑泄水量引起的投资变化、地面沉降对环境周边影响等因素后方可确定。

$h_{\text{计}}$设定得越大,地下结构内外水压越大,地下水的渗流流速越大,结构周边土体中的微小颗粒被地下水带走得越多,引起周边地面沉降越大,对周边环境影响越大;同时,由于地下水的渗流流速增大,结构内部的排水系统设备投资及后期运营成本加大,也与控制泄排水抗浮方案的设计初衷不符。

如果$h_{\text{计}}$设定得太小,结构底板所受动水压力就大,水浮力$Q_{\text{浮}}$也大,可能还需增加一部分抗拔桩或抗浮锚杆等措施,增加了工程投资,也与控制泄排水抗浮方案的设计初衷不符。

针对该工程的实际情况,中国铁道科学研究院深圳研究设计院于2009年12月至2010年2月进行了多次有限元模拟试算,最终确定了本工程的$h_{\text{计}}$为4.5m。

在本工程中,通过控制地下车库内部与反滤层、盲管连通网管中的立管高度$h_{\text{立}}$($h_{\text{立}}$=$h_{\text{静}}$-$h_{\text{计}}$),来实现对$h_{\text{计}}$的设定。当底板下的水压力超过了设计的$h_{\text{动}}$,渗流进立管的地下水水头大于立管高度$h_{\text{立}}$时,立管里的水自动进入水平管内,流入设置在车库两侧的蓄水池中。

(3) 对周边环境影响评估

不论采用哪种抗浮方式(锚杆、抗拔桩、泄水引流),周边地面及建筑物的最大沉降量,应该出现在结构底板施工期间;此时,基坑内设置了降水井,其底部的水压为零,基坑内外水压力差值最大。短期来说,不论采用哪种抗浮方式,最大沉降量应该是一样的。

当然,长期来说,考虑到土体固结的时间效应,控制泄排水抗浮对周边环境影响,施工期间与运营使用期间有叠加效应。这是因为这种抗浮方案需在运营使用期间不断地抽排地下水。但是在运营期间,地下水的流动穿过了弱透水层以及反滤层,全程是通过渗流的方式到达塑料盲管内的,水的流速也是比较慢的,土层内颗粒的流动、流失比较少(从目前阶段的泄水量也可以看出来),对周边沉降影响不大。

通过多次有限元模拟试算可以得知,当$h_{\text{计}}$=3.4m时,连续墙外侧浸润线(地下水位线)最大降深为2.8m,距离围护结构15m处(周边房屋位置)的长期沉降在10mm内;当$h_{\text{计}}$=5.7m时,连续墙外侧浸润线(地下水位线)最大降深为4.9m,距离围护结构15m处的长期沉降在16.5mm内。最终本工程确定的$h_{\text{计}}$值为4.5m,距离围护结构15m处的长期沉降推算约为13mm。目前,该工程地下土建部分已全部完成,地面已覆土,经测量得到的周边房屋及地表最大沉降约为10mm,与有限元模拟计算的结果基本吻合。

在确定了$h_{\text{动}}$后,通过有限元模拟计算,可以得到运营期本工程的泄水量约为400m³/d;但底板施工期间(图4-7)的整个基坑内排水量只有200m³/d。目前,整个工程的土建部分已全部施工完毕,正在施工地面绿化景观工程,监测到的泄水量为 40～60m³/d。可以相信,运营使用期间的停车库泄水量应远远小于 200m³/d,周边永久沉降可能要小于预测值。也有可能在枯水季节(地下水位较雨水期低),底板以下的渗透地下水压力小于原设计 $h_{动}$,使得立管里面的水不能流到水平管网内,泄水量几乎为零,对后期周边沉降几乎没有影响。

图 4-7　底板施工现场

4.3　益田基坑施工概述

4.3.1　益田基坑开挖施工原则

益田中心广场地下停车库工程基坑开挖深度约 12m,总土方量约 35 万 m³,支护工程安全等级为一级。基坑开挖施工严格按"时空效应"原理,掌握好"分层、分段、对称、平衡、限时"五个要点,盖挖逆作部分遵循"先撑后挖、分层开挖"的原则进行作业,做好基坑降排水,减少坑底暴露时间,设立专业的基坑监测小组,严格监测基坑变形情况,及时反馈信息指导施工。

4.3.2　益田基坑开挖施工方案概述

本深基坑降水采用管井降水与基坑排水沟相结合的方法,基坑开挖采用中心岛法。先开挖中心岛范围内土方,中心岛范围内土方由南往北放坡开挖,挖掘机直接装运出土;中心岛范围内土方开挖完毕后,施工中心岛范围内车库结构;待中心岛范围内结构施工完毕后,施工盖挖逆作段顶板,暗挖负一层、负二层土方,该部分土方开挖采用小型挖掘机配合小型自卸汽车进行挖土转运至出土口,出土口处土方采用挖掘机倒运出基坑。具体基坑开挖和支护顺序如图 4-8 所示。

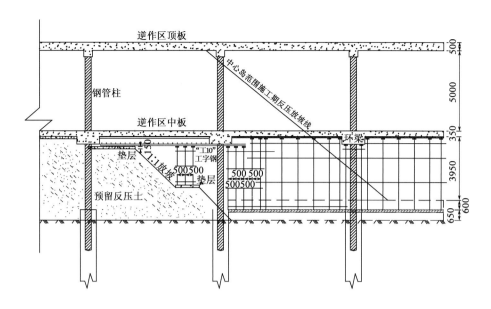

图 4-8 基坑土方开挖示意图(尺寸单位:mm)

(1)中心岛范围内土方开挖

本工程采用中心岛法进行基坑开挖。根据场地周边环境条件综合考虑,开挖从南往北进行,先放坡开挖南端,土方采用挖掘机直接开挖装入自卸车运输。由南往北开挖时,先挖靠近原地铁连续墙处土方,以便于对原地铁连续墙的破除。东西两侧开挖时,按设计要求放坡开挖并留平台。

中心岛范围内采用土方分层开挖的方法,第一层开挖至设计放坡平台高度后,暂停土方开挖,并立即施作水泥土搅拌桩和坡面挂网喷混凝土,待水泥土搅拌桩和坡面网喷混凝土施工完毕并达到设计要求后,方可继续往下开挖至下一层平台。

(2)中心岛范围内土方开挖

盖挖部分土方在中心岛范围内车库结构施工完毕后,分两部分两次开挖完成:第一次(第一部分),车库盖挖部分顶板、顶梁施工完毕后,开挖负一层范围全部土体、负二层范围靠近基坑内侧部分土体;第二次(第二部分),车库中板施工完毕后,开挖剩余全部土体。

①第一部分土体开挖:东西区域各开两个工作面,由基坑中部往南北两侧推进。PC60小型挖掘机直接将土装入基坑内小型自卸汽车,小型自卸汽车沿坡脚将土运至出土口后,由两台挖掘机将土倒运至基坑外大型自卸汽车上运出场外。

②第二部分土体开挖:东西区域各开两个工作面,由基坑中部往南北两侧推进。PC60小型挖掘机直接将土装入基坑内小型自卸汽车,小型自卸汽车通过已施作完毕的底板将土运至出土口后,由两台挖掘机将土倒运至基坑外大型自卸汽车上运出场外。

4.3.3 益田基坑开挖应急措施

(1)围护结构失稳事故应急措施

基坑围护结构失稳判断:围护结构水平位移超过监测控制值,即车站围护结构最大水平位移$\geq 0.2\% H$,应立即停止开挖。

抢险物资:钢支撑、注浆设备、喷射机等。

应急救援方案:如发生较大面积的支撑体系失稳、围护结构变形倾斜情况,基坑开挖立即停止作业,所有人员立即撤至基坑外等待命令,并立即向组长、副组长报告,组织应急人员立即对塌方处挂网、喷射混凝土,当出水较大时,应集中引排水,对坍体进行封堵和反压。如有人被埋在土下,有关人员必须立即拨打120,抢险队必须马上到达现场进行抢险,配合机械开挖,进行伤员抢救。做好塌方周围的防护工作以免塌方区域扩大,将塌方周围做好保护,严格截止地表水流向塌方处,以避免塌方处土体结构扩大坍塌范围,造成更大的险情。

(2)地表沉降应急措施

由于基坑的挖深造成周围路面下沉、路面开裂和高低差较大致使车辆不能行驶的,马上向益田村管理部门报告请求疏解交通,设置必要的警示标志,并派人协助维护交通,保持交通畅通。

采取的措施为:立即停止开挖,增加基坑反压土数量,设置临时钢管支撑等。地面加强措施为:在房屋基础5m范围内用注浆加固土体,地面注浆材料采用纯水泥浆,注浆压力0.5~1.0MPa。

(3)围护结构发生漏水、涌砂应急措施

土方开挖过程中严格按照边挖边挂网喷射混凝土的原则,并派专人对基坑进行观察,发现险情立即停止开挖。组织现场人员立即处理。

当涌砂、漏水轻微时,主要采用塑料管引流的方法控制水、砂的流量及流向,找到渗漏点后,使用水泥砂浆掺入水玻璃封堵。封堵期间采用塑料胶管引流,引流管导入基坑底集水井内。集水井沿基坑四周布置,内设小型水泵将水排出坑外。

如渗漏情况严重,立即停止施工,在渗水点下方铺设塑料布,减少对基底及围护结构侧壁的冲刷,采用大管径胶管引流,水泵排水,严禁对出水口进行封堵处理。同时立即向业主、设计方、监理方汇报,查找漏水原因。调查周围管线及降水井情况。

如因给排水管破裂造成漏水,立即通知有关单位进行处理。如果是降水井的原因,采用大功率水泵并将水泵下沉到井底,增加降水井过滤段有效长度,提高单井出水量。

(4)管线保护措施

施工前对地下管线的相对位置、埋深、类型等详细调查,采用有限元分析系统软件,对基

坑开挖和结构施工过程中的地面沉降进行施工检算,预测地表沉降量,依此对地下管线的沉降量进行预测。调查的具体工作内容包括:

①制订详细的调查计划和调查方案。

②对设计给出的管线资料进行整理和确认。

③走访沿线所有地下管线的主管单位,以确保管线资料齐全,对所有的地下管线实现现场探察和确认。

④对施工范围线两侧15m范围内的管线,应准确调查其种类、位置、形状、尺寸和材料的性能,将结果递交相应部门确认。

⑤向有关部门了解和确认各种管线的允许变形量。

经过调查确认的地下管线资料将被标注到基坑开挖的形象进度图上。施工前根据管线类型、位置及埋深等,对基坑周边重要的地下管线进行保护。施工过程中,对管线进行监控量测,根据量测结果制订保护方案。

第5章 环板支撑半逆作法深基坑综合研究

伴随着我国社会经济的快速发展和城市化进程的加快,城市高层建筑不断涌现,而且向着更高、更复杂的趋势发展,在很大程度上改变了我国的城乡地貌。与此同时,人类对地下资源和空间的开发利用也日趋广泛,由于地下工程施工的需要,需要在地下挖掘出一定的空间,并要保持该空间的整体稳定性。房屋建筑、市政工程或地下建筑在施工时需开挖的地坑,即为基坑。一般认为深度在5m及以上或者地质条件复杂,周围环境和地下管线复杂,影响毗邻建筑物安全的基坑即为深基坑。由于基坑的土方开挖,破坏了原有土体的应力平衡状态,致使基坑边坡土体由原来的三向应力状态,变为两向甚至单向应力状态,使土体强度大大降低,并产生应力转移、集中,使基坑周围的边坡土体容易发生变形甚至滑坡、塌方。

地质条件的复杂性、受力状态的多变性、结构形式的多样性,构成了深基坑工程自身的特殊性。随着施工工艺的日益完善,不同类型大型地下工程的深基坑工程出现的问题也越来越复杂,而如何安全、经济、有效地保持深基坑开挖时边坡土体的稳定性,进行深基坑的土方开挖施工一直作为地下工程界需要重点解决的技术难点存在,它涵盖了工程支护、土方开挖、施工工法、支撑体系等多个方面的内容。

5.1 半逆作法概述

5.1.1 常用支护体系概述

深基坑工程的支护是深基坑工程的重要组成部分,而一般的深基坑支护大多是临时结构,投资太大,容易造成浪费,但支护结构不安全又势必会造成工程事故。

深基坑支护结构的技术原理是依靠基坑中土层对进入土层的支护结构的水平压力与支护结构上部的拉锚或支撑提供的与水平压力方向相同的作用力来抵抗坑壁土和水产生的水平压力来保证坑壁土的稳定,限制坑壁土的变形,保证基坑开挖和基础结构施工能安全、顺利地进行。

(1)钢板桩支护

钢板桩支护是采用一种型钢板桩,利用打桩机沉入地下构成一道连续的板墙,作为深基坑开挖临时的挡土、挡水围护结构。钢板桩支护是一种施工简单、投资经济的施工方法,但是钢板桩自身的柔性很大,其变形的大小很大程度上取决于支撑和拉锚的设置。一般深度大于7m的基坑不宜采用该支护类型。

(2)深层搅拌桩支护(水泥土墙)

深层搅拌桩支护(水泥土墙)是利用水泥或石灰等材料作为固化剂,通过深层搅拌机械,将软土和固化剂强制搅拌,利用固化剂和软土之间产生的一系列物理化学反应,使软土硬结成具有整体性、水稳定性和一定强度的桩体。

深层搅拌桩支护属重力式围护墙,靠本身重量即可抵抗侧向力保持稳定,一般内部无支撑,同时,由于水泥土本身的渗透系数很小,属不透水结构,因此既能挡土也能挡水。该方法便于基坑内机械挖土和地下结构施工,且施工简便、费用较低,已有成熟经验。一般对于基坑深度小于6m,基坑边与用地红线的距离足够的工程,往往优先采用。

(3)排桩支护

排桩支护是指以柱列式间隔布置钢筋混凝土桩(以钻孔灌注桩应用最为广泛)作为主要挡土结构的一种形式。排桩支护有较大的侧向刚度,可有效地限制支护结构的变形。一、二、三级基坑皆可应用。

当基坑深度较大或地基条件很差,采用单排结构不能满足结构强度或变形要求时,可采用双排桩支护。从结构上分析,双排支护桩如同嵌入土中的门式框架,与单排悬臂结构、内撑式维护结构相比,具有施工方便、不用设置内支撑、挡土结构受力条件好等优点,在工程中得到广泛应用。

(4)地下连续墙支护

地下连续墙支护是用特别的挖槽机械,在泥浆护壁的情况下开挖一定深度的沟槽,然后吊放钢筋笼,浇筑混凝土。地下连续墙用作支护结构的围护墙,性能较好,只是费用较高。若能做到两墙合一,即施工时用作支护结构的围护墙,同时又作为地下结构的外墙,则较为合理,经济效益亦好,是发展方向。两墙合一多采用逆作法施工,可省去内部支撑体系,减少围护墙变形,缩短总工期,是推广应用的新技术之一。

地下连续墙刚度大、止水效果好,对于深度大于10m的基坑,该法有较好的经济性;维护结构要作为主体的一部分且对防水和抗渗有较严格要求时或是采用逆作法施工时,一般采用地下连续墙。超深基坑如深度为30~50m,其他围护结构无法满足要求时,也采用地下连续墙结构。

(5)土钉墙支护

土钉墙支护是一种原位土体加固技术,是以一定的角度和密度、一定长度置于土体的土钉杆件及注浆体为主要受力构件,与钢筋网和喷射混凝土面层共同组成的挡土结构,承受墙后土体的主动土压力,从而保持开挖面的稳定,这样的挡土墙称为土钉墙。土钉墙支护具有节约工期,简便易施工,工程造价低的优点。近几年出现的复合式土钉挡土墙结构已经能被很好地应用到地下水位低的基坑支护当中。工程实践证明,基坑深度小于10m,基坑安全等级为二级,且周边建筑物比较密集、工期要求紧时,采用土钉墙支护是既经济又有效的方法。

(6) 锚杆基坑支护

锚杆基坑支护是以锚杆作为主要受力构件的边坡支护技术,通过锚杆将地层和结构物紧密结合在一起,依靠周围地层和锚杆之间的拉力使得地层得到加固,维持土层的稳定。与传统支护技术相比,它可以提高支护的可靠性和安全性;它可以提高地层潜在滑移面和软弱结构面的抗剪强度,改善地层的应力状态和力学性能,有利于地层土体保持稳定。

锚杆支护所用的锚杆是一种受拉构件,整根锚杆在长度上分为锚固段和自由段。锚固段是它在土中以摩擦力形式传递荷载的部分,其上部连接自由段,自由段仅把锚固力传递到锚头处,锚头是进行张拉和把锚固力传递到结构上的装置,使结构产生锚固力。锚杆支护结构是由挡土墙和锚固于基坑滑动面以外稳定土体的锚杆组成。

锚杆支护技术可以减少工程材料的用量、可靠经济、施工较快,被大量地用于深基坑挡土桩、挡土墙的支护,解决了地下工程大面积机械化挖土的困难。特别适用于位移控制要求严格的基坑和超深基坑。锚杆支护结构是一种柔性支护结构,它能很好地与其他支护结构形式共同作用,以达到支护的目的。

(7) 劲性水泥土搅拌连续墙(SMW工法)

劲性水泥土搅拌连续墙(SMW法)是在水泥土搅拌桩中水泥土混合体未结硬前,插入型钢或其他芯材形成具有一定强度和刚度的、连续完整的、无接缝的地下连续墙体,将承受荷载与防渗挡水结合起来,使之成为同时具有受力与抗渗两种功能的新型支护形式。该工法于20世纪70年代在日本问世,随后迅速在世界各地得到广泛推广和应用。国内一般适用基坑开挖深度为6~12m,国外已有不少开挖深度达20m的工程案例。

SMW工法具有如下特点:SMW工法构造简单,施工速度快,可大幅缩短工期;施工时不扰动邻近土体,基本无噪声和废弃泥浆,对周围环境影响小;工法对土层适应性较广,可在黏性土、粉土、砂土、砂砾土等土层中应用,尤其适合于以黏土和粉细砂为主的松软地层;挡水防渗性能好,结构强度可靠,不必另设挡水帷幕,可以配合多道支撑应用于较深的基坑;耗用水泥钢材少,型钢如可回收则可大幅度降低成本,因而具有较大发展前景。

此外,工程界也大量采用两种或两种以上基坑支护的复合支护结构形式。例如将土钉与其他支护形式或施工措施联合应用的复合土钉墙支护形式,在保证支护体系安全稳定的同时满足某种特殊的工程需要,并已颁布相应的技术规范——《复合土钉墙基坑支护技术规范》(GB 50739—2011)。

而支护结构选型时,应综合考虑下列因素:

(1) 基坑深度；

(2) 土的性状及地下水条件；

(3) 基坑周边环境对基坑变形的承受能力及支护结构一旦失效可能产生的后果；

(4) 主体地下结构及其基础形式、基坑平面尺寸及形状；

(5) 支护结构施工工艺的可行性；

(6) 施工场地条件及施工季节；

(7) 经济指标、环保性能和施工工期。

通过反复研究此项目的工程特点，对比各支护体系的优缺点，最终选择环板支撑半逆作法施工工艺。

5.1.2 无撑、无锚逆作法支撑体系概述

为使支护结构经济合理并控制变形，对较深的基坑多需支撑。支护结构的支撑分内支撑和外拉锚（土锚）。在软土地区，由于土具有蠕变性，为控制变形，内支撑应用较多；而在土质好的地区两者均可应用。

(1) 内支撑

内支撑是指为提高桩的稳定性，在坑内加设支撑的方法。内支撑可采用单层平面或多层支撑，支撑材料可采用型钢或钢筋混凝土，设计支撑的结构形式和节点做法，必须注意支撑安装及拆除顺序。

内支撑体系包括围檩（腰梁、冠梁）、支撑和立柱。围檩和支撑均有钢和混凝土之分。钢支撑优点显著，条件允许时宜优先选用，但其节点构造相对复杂，刚度不如混凝土支撑，且多为直线杆件，无法适应曲线形支撑的需要。现浇的混凝土支撑在上海等软土地区应用较广泛，它布置形式灵活，无论直线或曲线杆件现浇均无困难；整体性好、刚度大，有利于控制围护墙变形和保护周围环境；由于承载力大，支撑间距大，便于机械下基坑挖土。在实际工程中，可结合基坑深度、基坑形状、周围环境保护要求和挖土方法，经比较后选用支撑类型；亦可在同一基坑中，既使用混凝土支撑（多在上部），又使用钢支撑（多在下部），各用其所长。

支撑的平面布置主要取决于基坑形状和平面尺寸，常用的有对撑、角撑、边桁架、边框架、圆拱形撑等，亦可在同一基坑中同时应用两种或多种布置形式。

设计支撑平面布置时，应注意避免妨碍主体工程施工，支撑轴线应避开主体工程的柱网轴线。支撑布置要便利挖土，边桁架式、圆拱式和角撑均能提供较大的空间，便于机械挖土和运土。支撑的竖向布置要考虑地下结构楼盖的布置、拆撑和换撑的方便、便于挖土等。立柱在基坑底以下多为钻孔灌注桩，基坑底以上多采用格构式型钢柱，以便于穿底板钢筋。灌注桩应尽量利用工程桩，无法利用时再专门打设。内支撑的基本形式如图5-1所示。

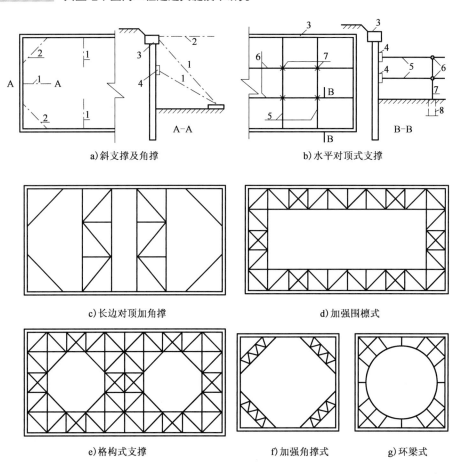

图 5-1 内支撑布置的基本形式

1-斜支撑;2-角撑;3-冠梁;4-围檩;5-横向水平支撑;6-纵向水平支撑;7-支撑立柱;8-立柱基础

(2) 外拉锚

外拉锚(土锚)是用锚具将锚杆固定在桩的悬臂部分,将锚杆的另一端伸向基坑边坡土层内锚固,以增加桩的稳定。采用外拉锚较采用内支撑法能有较好的机械开挖环境。

锚杆设置:主要应根据施工技术方面的可能性、可靠性,以及支护结构的内力和可能的变形而定。锚杆沿坑壁的配置应能够承受坑壁土压力,在解得支撑反力的基础上进行锚杆拉力设计。

材料选定:锚杆杆体材料宜选用高强螺纹钢筋;水泥应采用普通硅酸盐水泥;细骨料应选用粒径 $d<2\mathrm{mm}$ 的中细砂;中架应由钢、塑料或其他与杆体无害的材料制作;锚杆应进行防腐处理。

作业条件:在锚杆施工前,应根据设计要求、土层条件和环境条件,合理选择施工设备、器具和工艺方法,并平整出保证安全和足够施工的场地,认真检查原材料及锚杆各部件的质量,考核施工工艺和施工设备的适应性。

工艺流程:放样→钻机就位→钻孔→成孔→锚杆杆体的组装与安放(花管)→放筋→注浆→锚杆防腐处理。

在深基坑施工锚杆常规的操作方法是均应先开挖到锚杆设计位置的高度,再进行施工,若为多排锚杆,就要边开挖边施工,而当搭设钻孔、灌浆可移动平台后,施工不受地形的限制,可实现机械化开挖深基坑一次到位,达到支护的深基坑安全、可靠、稳定的设计目的。

(3)环形支撑体系

在当前应用的基坑支护体系中,对于深大基坑软土地基或城市改造密集建设区的基坑支护,采用环形内支撑体系(主要是钢筋混凝土环形支撑)的已经越来越多,并向超大直径环形支撑发展。目前,环形支撑体系已由单层发展为双层或多层;环梁直径由几十米发展到超过百米;平面上可适应任何平面形状;水平支撑由单圆发展到多圆相连;环梁有圆形、椭圆,边桁架断面由宽腹式向窄腹式发展等。同时,基坑支护监测信息化施工也日臻完善。

环形支撑体系可应用到任何基坑平面形状。对于近似正方形、圆形平面的基坑:对基坑尺寸较小的,可直接采用内切圆环形支撑,对于圆形超出基坑的部分可做拱形水平桁架突出基坑,或将围护桩沿环梁轴线布置;对于环梁以外的不规则平面,可采用边桁架或局部成拱板。最有利的方案是将围护排桩轴线与环梁轴线相重合,做到桩梁轴线合一。对于近似矩形的平面基坑:可采用椭圆形环形支撑。如椭圆环梁在中部超出基坑,可在桩外形成拱形桁架或做成桩梁合一突出基坑;如环梁突出基坑受场地限制,也可做成两端半圆环,中部为加长平直段,做成类似椭圆,但对平直段的支护结构必须加固。对于多边形不规则平面的基坑:可尽量采用大圆环或用大小环相连来处理,环外不规则部分做成桁架,或用钢管顶撑形成混凝土结构。

目前,国内环形基坑的实例很多,其中较典型的有上海绿洲中环中心基坑工程及万都大厦基坑工程,均采用环形基坑支撑体系进行施工。

环形支撑体系有它本身的优越性:

①基坑中间无支撑网盖,使得大型挖土机械可直接进入坑内进行大型土方挖运,与其他内支撑相比,土方开挖的费用可减小一半,工期缩短一半。

②提供了80%的作业空间,便于地下施工,材料的吊运不受限制,测量放线实现开阔,有利于质量和安全管理。

③该体系将坑内的水平推力通过桁架和环梁转化为板内轴向均匀受压,变形性能优异,整体刚度好,做到安全可靠与施工方便相统一。

④结构工程量小,基本无废弃工程,支护总造价大幅降低。

⑤特别适合大粒径卵石地层等侧向土压力不大,且不可打设锚索的基坑工程。

5.1.3 逆作法设计概述

目前基坑工程的研究成果大多针对传统施工方法,考虑逆作法施工方法的研究工作开展得还相当有限,对逆作法下深基坑工程特性的认识主要建立在对一些工程经验的总结基础上,其理论分析尚不成熟。在工程的设计分析中,普遍采用的还是一般基坑支护的设计方法来进行设计,这客观上严重制约了逆作法技术在施工过程中的应用,也制约了施工技术人员对于工程中出现问题的控制能力。因此,对逆作法施工有必要进行系统性的、深入的分析研究。

(1)逆作法的设计内容

一般逆作法工程设计一般应该包括以下内容:

①围护结构的设计。

待逆作法基准点确定后,选择合理的围护结构。常用的形式有地下连续墙、人工挖孔及钻孔灌注桩、土钉墙、排桩、钢板桩或利用土体内聚力分级筑墙等。根据水文及地质条件、水平支撑情况、土方开挖的深度以及盆边土的留设对基坑进行水土压力的计算分析,并最终得出安全经济的支护结构设计。

②竖向构件的设计。

竖向构件应结合主体结构体系和所传递的荷载、基础形式、地质条件、逆作法上下同时施工层数等因素综合考虑。立柱形式多采用格构式立柱和钢管式立柱。格构式立柱因难以承受高层所传递的竖向荷载,实际高层建筑逆作法工程中多运用钢管式立柱,最常用的为圆钢管混凝土柱及异型钢管混凝土柱。

③构造和施工措施的设计。

逆作法一般采用混合结构且主体施工方式是由上至下,柱脚和楼层梁处节点需根据不同情况来设计,综合各种不同工况选择最为方便和经济的做法;同时由于混凝土浇筑和振捣质量的不确定性,施工防水措施应比常规工程要求更为严格,应根据混凝土浇筑时的不同工作面来特别处理防水措施。

④降水及周边环境保护措施设计。

降水及周边环境保护措施包括基坑降水或止水帷幕设计以及围护墙的抗渗设计,基坑开挖与地下水变化引起的基坑内外土体的变形及其对基础桩、邻近建筑物和周边环境的影响,基坑开挖施工方法的可行性及基坑施工过程中的监测要求。

在逆作法工程的设计中,除了设计以上内容之外,还需分析随着各个施工工况的进展,结构整体的变形情况以及周围土体的沉降,此外,作为支撑的地下结构楼板随支点(墙和立柱)变形发生的受力情况也应该加以分析。

从上述逆作法设计和环境控制要求的内容可以看出,进行逆作法理论分析研究的重点在于以下几点：

①围护结构的受力和变形分析。通过分析围护结构在各工况下侧移、剪力和弯矩特点，计算开挖时的最大侧移、弯矩、剪力和水平支撑反力来设计围护结构。设计过程中充分考虑支护结构的刚度、形式、施工顺序及方法、地下水位、周围土的性质等方面，根据不同情况包络设计。

②水平支撑体系的受力和变形分析。通过对地下结构进行受力分析，在考虑施工荷载的情况下，得到整个体系的位移和内力，利用最大位移、轴力、弯矩设计水平支撑体系。

③竖向支撑体系的受力和变形分析。考虑不同工况组合下的受力形式，分别对非剪力墙部位支撑柱和剪力墙部位支撑柱主体结构承载力、逆作法施工过程的承载力和考虑施工过程对竖向构件的侧压力这三种工况下，计算分析竖向支撑体系的承载力要求。

④周边环境保护。基坑周围环境的保护应采取经济合理、安全可靠的技术方案。首先要考虑采取积极性防护法，即采用合理的设计与施工，将基坑支护结构的变形减小到最低限度。针对环境条件，确定必须保护的对象，针对该保护对象，根据允许变形值，采取不同的加固方法，预防较大变形并减少其影响程度。

（2）目前工程应用中的一般设计方法

目前逆作法桩（墙）支护结构的设计常将桩（墙）、立柱、基础与水平支撑等作为构件单独设计。其中有关围护结构的设计方法中，过去的计算大多是采用古典的板理论，如等值梁法、山肩邦男法等，这些分析方法虽然使用简单，但不能考虑开挖过程对支撑和结构的影响，因而，其计算结果往往是很粗略的。而地基土水平抗力比例系数（m 值）不仅与土和支挡结构有关，更与支撑情况，特别是与支撑方式和开挖过程有关。弹性地基梁法可有效考虑基坑开挖、回填过程中各种基本因素和复杂情况对支护结构内力和变形的影响，因此在深基坑支护结构设计时简单实用，被大多数规程所推荐，而对于更复杂的结构建议采用有限元的方法。

在目前的逆作法实际工程中，采用的仍然是基坑支护设计的常用方法，图5-2给出了一般支护设计的流程。

根据《建筑基坑支护技术规程》（JGJ 120—2012）中的弹性支点法（m 法），将围护结构与水平支撑体系分离，分别进行分析。对于围护结构，采用了规范规定的弹性地基梁法。对于水平支撑系统的分析，采用了周边临时围护与主体结构水平梁板体系相结合的设计类型，考虑梁板共同的模型来分析水平支撑体系的内力和变形。

①计算原理。

对于板式支护体系，采用弹性地基梁法对围护结构的内力和变形进行分析。弹性地基梁法假定支护结构为平面应变问题，将围护结构看作一个竖向放置的弹性地基梁，开挖面以下土体对围护结构的作用用一系列的 Winkler 弹簧来模拟，水平支撑对围护结构的支撑作用用弹性支座模拟，墙后土体为围护结构的作用用已知的分布力来代替。图5-3 为一典型

基坑开挖工程的计算模型图。取宽度为 b_0 的围护结构作为分析对象,列出弹性地基梁的变形微分方程如下:

$$EI\frac{d^4y}{dz^4} - e_a(z) = 0 \quad (0 \leqslant z \leqslant h_n) \tag{5-1}$$

$$EI\frac{d^4y}{dz^4} + mb_0(z - h_n)y - e_a(z) = 0 \quad (z > h_n) \tag{5-2}$$

式中:EI——围护结构的抗弯刚度;

y——围护结构的侧向位移;

z——深度;

$e_a(z)$——z 深度处的主动土压力;

m——地基土水平抗力比例系数;

h_n——第 n 步的开挖深度;

b_0——抗力计算宽度。

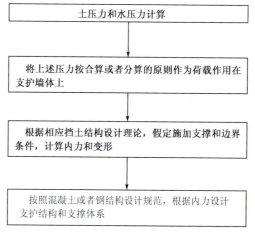

图 5-2 支护设计一般流程

考虑土体的分层(m 值不同)及水平支撑的存在等实际情况,需沿着竖向将弹性地基梁划分为若干单元,列出每个单元的上述微分方程,由于方程数量较多,一般可用杆系有限元方法求解。划分单元时,应考虑土层的分布、地下水位、支撑的位置、基坑的开挖深度等因素。分析多道支撑分层开挖时,根据基坑开挖、支撑情况划分施工工况,按照工况的顺序进行支护结构的变形和内力计算,计算中需考虑各工况下边界条件、荷载形式等的变化,并取上一工况计算的围护结构位移作为下一工况的初始值。

弹性支撑的反力可由下式计算:

$$T_i = K_{bi}(y_i - y_{0i}) \tag{5-3}$$

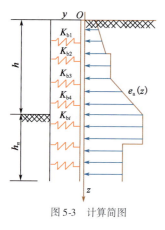

图 5-3 计算简图

式中：T_i——第 i 道支撑的弹性支座反力；

K_{bi}——第 i 道支撑弹簧刚度；

y_i——由前面方法计算得到的第 i 道支撑处的侧向位移；

y_{0i}——由前面方法计算得到的第 i 道支撑设置之前该处的侧向位移。

②内支撑刚度的取值。

由于本工程梁板系统为内支撑系统，因此水平支撑的刚度可采用下式来确定：

$$K_{bi} = \frac{EA}{L} \tag{5-4}$$

式中：A——计算宽度内支撑楼板的横截面面积；

E——支撑楼板的弹性模量；

L——支撑楼板的计算长度（一般可取开挖宽度的一半）。

由于钢筋混凝土梁板支撑需考虑收缩和徐变，且在逆作法中尚需设置出土口，因此其刚度需适当折减，可折减为正常刚度的 80% 左右。

③地基土水平抗力比例系数 m 的确定。

土的水平向抗力系数随深度变化的比例系数 m 宜通过水平载荷试验确定。当无试验或缺少经验时，第 i 土层的水平向抗力系数随深度变化的比例系数 $m(kPa/m^2)$ 可按下列经验公式计算：

$$m_i = \xi \frac{1}{\Delta}(0.2\varphi_{ik}^2 - \varphi_{ik} + c_{ik}) \tag{5-5}$$

式中：φ_{ik}——第 i 土层固结不排水（快）剪内摩擦角标准值（°）；

c_{ik}——第 i 土层固结不排水（快）剪黏聚力标准值（kPa）；

Δ——基坑底面处位移量（mm），按地区经验取值，无经验时可取 10；

ξ——经验系数，一般黏性土、砂性土取 1.0；老黏性土、中密以上砾卵石取 1.8~2.0；淤泥、淤泥质土取 0.6~0.8。

桩底面地基土竖向抗力系数 C_0 计算如下：

$$C_0 = m_0 \cdot h \tag{5-6}$$

式中：h——桩墙插入基坑底面以下的深度（m）；h 大于 10m 时，按 10m 计算；

m_0——参照《建筑桩基技术规范》(JGJ 94—2008) 附录 C 中的 m 值。

另外，基坑围护结构的平面竖向支撑弹性地基梁法实质上是从水平向受荷桩的计算方法演变而来的，因此严格地讲，地基土水平抗力比例系数 m 的确定应根据单桩的水平荷载试验结果由下式来确定：

$$m = \frac{\left(\dfrac{H_{cr}}{\chi_{cr}}\nu_x\right)^{\frac{5}{3}}}{b_0(EI)^{\frac{2}{3}}} \tag{5-7}$$

式中：H_{cr}——单桩水平临界荷载，按《建筑桩基技术规范》（JGJ 94—2008）附录 E 的方法确定；

χ_{cr}——单桩水平临界荷载所对应的位移；

ν_x——桩顶位移系数，按《建筑桩基技术规范》（JGJ 94—2008）中的方法计算；

b_0——计算宽度；

EI——桩身抗弯刚度。

《建筑桩基技术规范》（JGJ 94—2008）根据试桩结果的有关统计分析，给出了各种土体 m 值的经验值，如表5-1所示。但这里的 m 值与水平位移的大小相关，当围护结构的水平位移与表中对应的水平位移不符时，需对 m 值作调整。

各类土的 m 经验值 表 5-1

地基土类别	淤泥、淤泥质土、饱和湿陷性黄土	流塑、软塑黏性土、$e>0.9$粉土、松散粉细砂、松散、稍密填土	可塑性黏土、$e=0.75\sim 0.9$粉土、湿陷性黄土、中密填土、稍密细砂	硬塑、坚硬黏性土、湿陷性黄土、$e<0.9$粉土、中密的中粗砂、密实老填土	中密、密实的砾砂、碎石类土
$m(kN/m^4)$	2500~6000	6000~14000	14000~35000	35000~100000	100000~300000
桩顶水平位移（mm）	6~12	4~8	3~6	2~5	1.5~3

5.2 土方开挖及盖挖逆作法施工

基坑开挖方式直接影响支护结构的内力和变形，对基坑的稳定和安全有重要影响。土方开挖的顺序、方法必须与支护结构的设计工况一致，并遵循开槽支撑、先撑后挖、分层开挖、严禁超挖的原则。

大型深基坑开挖时，需有周密的施工方案，挖土要配合支撑施工，减少时间效应，控制围护墙变形；要保护工程桩、内支撑和降水设备；加快施工速度。

基坑土方开挖要做到分层、分块、对称、限时，便于支撑体系尽快形成并能受力，减少围护墙的变形。

大型深基坑的土方量有时达几十万方，如上海外滩金融中心面积15294m² 的大型基坑的土方量就达25万 m³。加快基坑土方开挖速度是加快基坑工程施工速度的关键之一。

深基坑常用的挖土方式有直接分层开挖、盆式开挖、岛式开挖等。

而对于地下工程明做时需要穿越公路、建筑等障碍物而采取的新型工程施工方法为盖挖法施工，及由地面向下开挖至一定深度后，将顶部封闭，其余的下部工程在封闭的顶盖下进行施工。主体结构可以顺作，也可以逆作，相应的施工方法可分盖挖顺作法、盖挖逆作法和盖挖半逆作法。

5.2.1　直接分层开挖

直接分层开挖包括放坡开挖及无支撑的基坑开挖。放坡开挖适合于基坑四周空旷、有足够的放坡场地、周围没有建筑设施或地下管线的情况，在软弱地基条件下，不宜挖深过大，一般控制在6～7m，在坚硬土中，则不受此限制。

放坡开挖施工方便，挖土机作业时没有障碍，工效高，可根据设计要求分层开挖或一次挖至坑底；基坑开挖后主体结构施工作业空间大，施工工期短。

无内支撑支护可分为悬臂式、拉锚式、重力式、土钉墙等几种。无内支撑支护的土壁可垂直向下开挖，因此，不需在基坑边留出很大的场地，便于在基坑边较狭小、土质又较差的条件下施工。同时，在地下结构完成后，其坑边回填土方工作量小。

5.2.2　盆式开挖

盆式开挖是指先开挖基坑中部的土方，暂时保留围护墙内侧周边的土坡，利用留土的反压抵消部分土压力，以减少支护结构的变形。

盆式开挖适合于基坑面积大、支撑或拉锚作业困难且无法放坡的基坑。它的开挖过程是先开挖基坑中央部分，形成盆式，此时可利用留位的土坡来保证支护结构的稳定，此时的土坡相当于"土支撑"。随后再施工中央区域内的基础底板及地下室结构，形成"中心岛"。在地下室结构达到一定强度后，开挖留坡部位的土方，并按"随挖随撑，先撑后挖"的原则，在支护结构与"中心岛"之间设置支撑，最后再施工边缘部位的地下室结构。盆式开挖方法支撑用量小、费用低、盆式部位土方开挖方便，这在基坑面积很大的情况下尤显出优越性，因此，在大面积基坑施工中非常适用。但这种施工方法对地下结构需设置后浇带或在施工中留设施工缝，将地下结构分两阶段施工，对结构整体性及防水性亦有一定的影响。

5.2.3　岛式开挖

岛式开挖是指先开挖基坑内侧周边的土方，而暂时保留基坑中部的土堆，形成一个"岛"，以利于边桁(框)架支撑的形成和搭设栈桥，方便挖土机下基坑挖土和土方汽车外运。

当基坑面积较大，而且地下室底板设计有后浇带或可以留设施工缝时，可采用岛式开挖的方法。这种方法与盆式开挖类似，但先开挖边缘部分的土方，将基坑中央的土方暂时留置，该土方具有反压作用，可有效地防止坑底土的隆起，有利于支护结构的稳定。必要时，还可以在留土区与挡土墙之间架设支撑。在边缘土方开挖到基底以后，先浇筑该区域的底板，以形成底部支撑，然后再开挖中央部分的土方。

5.2.4 盖挖法施工

盖挖法是当地下工程明做时,需要穿越公路、建筑等障碍物而采取的新型工程施工方法,是由地面向下开挖至一定深度后,将顶部封闭,其余的下部工程在封闭的顶盖下进行施工。主体结构可以顺作,也可以逆作,相应的施工方法可分为盖挖顺作法、盖挖逆作法和盖挖半逆作法。

(1)盖挖顺作法

盖挖顺作法是先由地表面依设计要求完成护壁桩或地下连续墙等围护结构和必要的横、纵地梁,把预制的标准化模数的盖板(混凝土盖板或钢盖板)覆盖在挡土结构上,形成临时路面,恢复道路交通。而后在盖板下方进行土方开挖,直至地下结构底部的设计标高。然后再依照地上建筑物的常规施工顺序由下而上修建该地下结构的主体结构,进行防水处理。上述工序完成后,拆除临时顶盖,进行土方回填,并恢复地下管线或埋设新的管线,最后视需要拆除挡土结构。

盖挖顺作法施工适用于路面交通不能长期中断的道路下修建地下车站或区间隧道,其施工顺序是在现有场地上,按所需宽度,由地表完成围护结构后,以定型的预制标准构件覆盖于围护结构上,形成"盖",以维持场地的正常使用,然后往下逐层进行土方开挖及架设横撑,直至开挖到设计的底标高,即所谓的"挖"。然后再依序自下而上施作建筑结构主体及防水措施,即主体结构的"顺作"。待主体结构完成后,拆除临时路面系统的"盖"后回填土,并恢复路面交通的使用。当开挖宽度较大时,为防止横撑和路面支撑系统失稳并满足受力条件,经常需要在建造围护结构的同时建造临时中桩。

盖挖顺筑法是根据不同的地质和水文地质条件,设计以连续墙、混凝土灌注桩作为边坡支护结构,然后施作盖板,形成框架结构后,在其保护下开挖土方,并完成结构施工。这种施工方法对周围环境影响小,可同时向地下和地上施工,速度快,质量好,施工安全,在世界许多大城市地铁车站施工中已有不少成功的范例,并且可以做到不影响交通,相比暗挖法施工要经济。

盖挖顺筑法的优点在于:

①不影响交通,保证繁忙交通主干道顺利行车;

②车站顺作便于主体结构施工;

③对车站防水施工更为有利。

在城市交通繁忙的主干道上修建地铁车站,盖挖顺筑法优点明显,它比暗挖法节省不少投资,且安全性能、防水性能都大大提高,明挖法在交通繁忙的城市主干道上几乎不可能,而盖挖法能解决这些问题,值得大力推广。

（2）盖挖逆作法

逆作法施工技术是将高层建筑地下结构自上往下逐层施工，即沿建筑物地下室四周施工连续墙或密排桩，作为地下室外墙或基坑的维护结构，同时在建筑物内部有关位置，施工楼层中间支撑桩，从而组成逆作的竖向承重体系，随之从上向下挖一层土方，一同土模浇筑一层地下室梁板结构，当达到一定强度后，即可作为维护结构的内水平支撑，以满足继续往下施工的安全要求。与此同时，由于地下室顶面结构的完成，也为上部结构施工创造了条件，所以也可以同时逐层向上进行地上结构的施工。

逆作法施工由多种工艺组合而成，主要特点有以下5个方面。

①支撑效果好。由于地下连续墙在施工中起挡土、挡水、承重和围护作用，地下室各层楼板起刚性水平支撑作用，逆作柱起中间承重作用，整个地下室各层楼板、地下连续墙和逆作柱形成一个整体，在分层施工中起着围护和挡土、挡水作用。又因不用进行深基坑支护与主体工程间施工空间的土方开挖，土体变形小，受力可靠，临时挡土结构与永久结构合二为一，并由于有层间楼面支撑支护结构，深度可达到最小，从而节省了临时支护系统的费用。

②增大施工场地使用面积，缩短工期。浇筑完分界层楼板后，即可利用分界层楼面作施工场地分别向上向下同时施工，从而增大施工场地面积，缩短整体结构的施工工期，加快建筑物地面显现时间。

③保证邻近建筑物及设施的安全。由于地下连续墙受地下各楼层楼板连续支撑土方分层开挖，故结构变形很小，避免了深基坑施工中主体结构与支护结构间施工空间的抽排水，使连续墙外土体不受扰动，因而避免了地下室在土方开挖时对周围建筑结构物地基沉降的影响。

④由于结构外土层不受扰动，连续墙与原土层结合紧密，不会形成回填土中的积水带，减轻了回填土层地下积水对建筑物的浮力和渗透作用，确保了地下室底板和侧壁的防漏安全。

⑤基础在封闭条件下施工，减少了气候、季节的影响，有利于工程围护和工程质量。

逆作法施工的不足之处包括以下几个方面：

①在逆作法施工中，地下结构中墙柱的混凝土搭接质量较难控制，若措施不利，易出现漏水、承载力降低等后果。

②在逆作法施工中，控制立柱的垂直度和承载力较难，因施工中静、动荷载均作用在立柱上，应重视立柱质量。

③敞开式逆作法由于未同期浇筑各层楼板，侧向刚度较封闭式逆作法的刚度小，施工中应采取措施，防止地下连续墙的过大变形。

④与传统大开挖施工相比，逆作法施工过程中必须要随时观测地下中间支承柱及地下连续墙的沉降量。

⑤封闭式逆作法使施工人员在地下各层处于基本封闭状态下的环境中进行施工，作业环境较差，地下通风与照明工程费用较大。

⑥封闭式逆作法是在封闭状态下施工,大型机械设备难于进场,不能采用机械化大面积挖土而采用人工挖土,施工效率;低土方垂直运输采用专用取土设备如塔吊等,取土装车外运,运输能力受取土口限制,土方水平运输采用人力双轮手推车,运量少,耗费大量人力,效率低。

适用范围:适用于临近建筑物及周围环境对沉降变形敏感、周边施工场地狭窄、地下室层数多、结构复杂、工期紧迫的建筑物的施工;适用于建筑群密集,相邻建筑物较近,地下水位较高,地下室埋深大和施工场地狭小的高层(多层)地上、地下建筑工程或由于商业需要在尽量短的时间显现地面建筑的工程。

(3)盖挖半逆作法

盖挖半逆作法与盖挖逆作法的区别仅在于前者顶板完成及恢复路面后,向下挖土至设计标高后先浇筑底板,再依次向上逐层浇筑侧墙、楼板。

5.3 益田项目"半逆作"无撑无锚环板支撑体系的应用

针对深圳市益田村中心广场地下停车库的基坑工程,运用混凝土环形支撑体系的设计理念,并在"岛"式开挖的基础上,结合地铁工程中普遍采用的"盖挖逆作"工法,在无内支撑和外拉锚的前提下,总结出一种适合大型地下结构基坑工程的新型支撑体系——"半逆作"无撑无锚环板支撑体系。

5.3.1 基坑设计方案选型及优化

(1)深基坑工程特点

深圳市益田村中心广场地下停车库属超大面积复杂深基坑工程,其特点有:

①基坑平面面积很大,达 2.94 万 m^2,且基本接近正方形,平面尺寸约为 176.2m × 167.8m,基坑开挖深度 12m。

②工程施工环境复杂,环境保护要求高。工程地处居民区,周围地面建筑林立,人口密集,周边地下管线距离基坑较近,并且地铁 3 号线折返部分从本工程的中部通过,施工和周围环境之间的相互影响较大,环境保护要求高。

③工程地质和水文地质条件复杂。工程范围存在具有液化性的砂土和人工填土、软土、花岗岩残积土、全风化层、呈土柱状强风化层等特殊岩土。软弱地层厚度大,节理、裂隙发育岩层较厚。地下水位高,涌水量大。工程地质和水文地质条件较差。

(2)深基坑支护方案选型

常见的支护方式有排桩支护及地下连续墙基坑支护。

①方案一:排桩结合锚杆的基坑支护。

道路边敷设有众多管线,东西两侧的管线最近距地下车库外墙约2m,十分狭窄,同时,管线埋深较深,最深达到6.5m,采用锚杆容易破坏管线设施;排桩支护止水效果不易得到保证,周围建筑物多为天然地基(浅基础),容易引起周边建筑物的不均匀下沉,虽然此方案造价稍低,但地下室外墙较厚。

②方案二:地下连续墙基坑支护。

采用地下连续墙作为基坑支护,地下车库的外墙可采用地下连续墙加内衬的做法,构造上为叠合结构,南北两侧地下连续墙厚度为800mm,东西两侧有采光带处厚度为800mm,内衬厚度为500mm。地下连续墙作为地下车库外墙的一部分,既克服了东西两侧场地十分狭小的困难,不需要临时拆迁这些管线,也能保证周边道路的安全。地下连续墙结合周圈逆作法施工方案,基坑变形较小,对周边建筑物的不良影响小,如地下连续墙只单纯作为临时支护结构,造价可能偏高,但本工程地下连续墙与内衬结合作为地下车库外墙,综合造价可降低。

受场地及周边环境条件的限制,本工程采用方案二:地下连续墙基坑支护。

(3)深基坑设计方案优化

本工程属于超大面积复杂深基坑工程,如采用顺作法方案,临时支撑工程量巨大,造价高,支撑杆件长度大,整体刚度小,基坑的变形较大,临时支撑的拆除困难;而采用全逆作法方案,虽然有利于保护周边环境,而且可以节省临时支撑费用,但是暗挖土方工程量巨大,施工难度高,降低了出土效率,还需设置大量一柱一桩,加大了施工难度;采用传统中心岛方案,挖土条件较好,可大大加快整体施工进度,大大节省水平支撑和竖向支承构件费用,但超大面积基坑土方开挖时间较长,周边所留置的高土坡土体受环境影响较大,将随时间产生持续位移,使围护结构产生较大变形,从而对周边环境造成很大的影响。

基于以上对各种设计方法的分析,在超大面积深基坑工程设计中,采用传统中心岛法最经济,且施工方便,但基坑的变形较大。为控制基坑变形,本工程在"岛"式开挖的基础上,结合地铁工程中普遍采用的"盖挖逆作"工法,在无内支撑和外拉锚的前提下,提出一种适合大型地下结构基坑工程的新型支撑体系——"半逆作"无撑无锚环板支撑体系,即采用中心岛顺作、基坑周边留土、周边结构环板逆作,从上至下施工各层结构,作为连续墙的支撑,保证连续墙的稳定。"半逆作"环板支撑体系的设计关键是在中心岛施工过程中,利用结构环板的水平刚度和周边留土共同约束围护体,从而达到控制基坑变形,保护环境的目的。

该支撑体系适用于临近建筑物及周围环境对沉降变形敏感、周边施工场地狭窄、基坑面积大、结构复杂、工期紧迫的地下建(构)筑物的施工。

5.3.2 "半逆作"环板支撑体系工程设计

本工程采用"半逆作"环板支撑体系的设计,即中心岛采用顺作法施工,周边地下一层以下逆作。先施工围护结构,内侧放坡开挖,开挖到基坑底部后施作中部主体结构,中部结构自下而上顺筑施工,中部结构施工完毕后,采用逆作法施工放坡段主体结构,周边逆作环板区域采用一柱一桩作为竖向支承构件。其地下连续墙厚800mm,深16.95~20.45m(基坑坑深12m),嵌固深度6.0m、6.5m和9.5m不等,混凝土强度等级水下C30,抗渗标号S8,可以达到隔水要求,因此在渗流计算中可作为不透水层。地下连续墙在施工阶段作为挡土止水结构,在正常使用阶段作为地下室永久结构外墙,即两墙合一。基坑支护平面布置和典型断面如图5-4及图5-5所示。

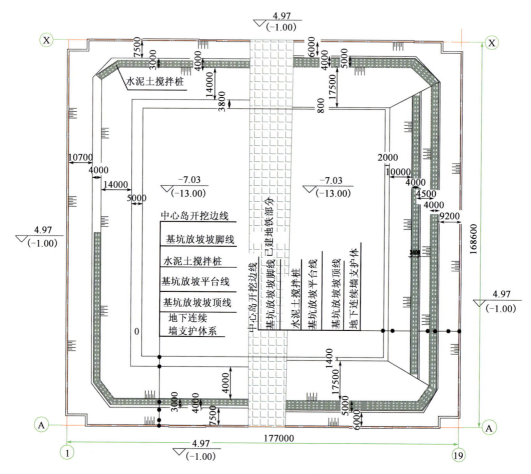

图5-4 基坑支护平面布置(尺寸单位:mm;高程单位:m)

基坑周边内侧放坡开挖,坡度为1:1.5~1:4.5不等,中间预留4m或5m不等的宽平台,根据地质条件的变化设二级台阶(地质条件较好区域)或三级台阶(地质条件较差区域),坡面喷挂网喷混凝土处理(C20厚100mm,$\phi 8@200 \times 200$双向钢筋网),并对放坡平台软土采取搅拌桩加固措施,从而保持土坡稳定性,达到控制基坑变形、保护环境的目的。地下水采用明降明排的形式处理,主体结构基坑开挖采用深井井点降水措施。

第5章 环板支撑半逆作法深基坑综合研究

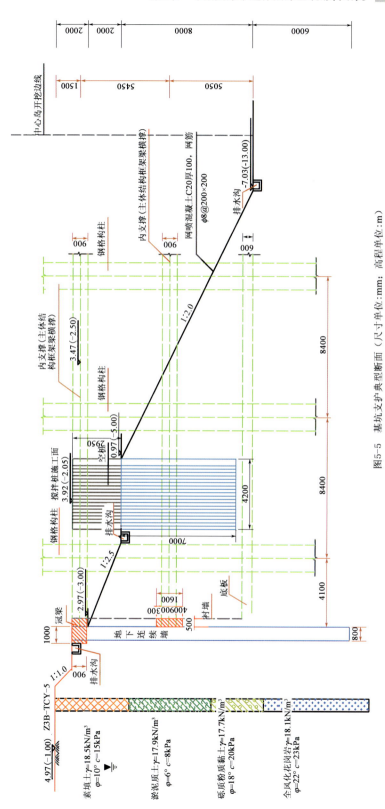

图5-5 基坑支护典型断面（尺寸单位：mm；高程单位：m）

5.3.3 "半逆作"环板支撑体系设计关键技术

本工程采用了中心岛顺作、周边地下一层结构环板逆作的设计方法,该设计方法的关键技术是周边地下一层环板带支撑、周边留土放坡、竖向支承系统。

(1)周边地下一层环板带支撑

本工程在中心岛施工过程中,周边采用地下一层结构环板和被动区留土共同约束地下连续墙的位移。一方面,从经济性和加快整体施工速度角度出发,应尽量将中心岛面积扩大;另一方面,考虑安全性和变形控制要求,周边地下一层环板和被动区留土必须要有足够的宽度,才能有足够的刚度和抗力来控制墙体的变形。因此,周边地下一层环板宽度和被动区留土宽度需考虑两方面因素,并通过整体计算分析确定。

如图5-6及图5-7所示,本工程周边地下一层结构环板宽度为29.5~33.7m,结构断面尺寸为500mm×900mm,主要承受自重和板面施工荷载,并与周边被动区留土共同承受水平力,因此施工中必须对其平面受力和变形、竖向受力和变形加强监控。逆作区结构环板区采用一柱一桩支撑,每个钢管柱下设独立桩基础。

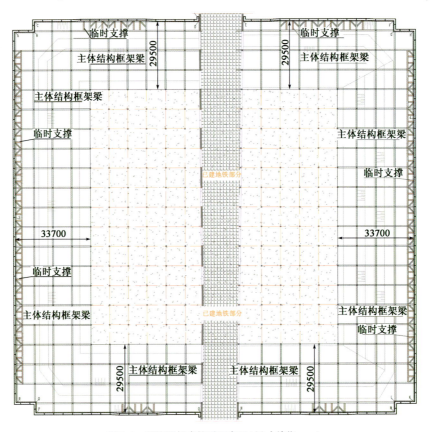

图5-6 基坑环板支护平面布置(尺寸单位:mm)

图 5-7 基坑环板支护现场施工平面布置

(2)周边留土放坡

如图 5-8 所示,周边留土放坡宽度要求:$b_0 > 0.5\text{m}$,下部 D_0 应满足下式:

$$D_0 > \frac{K_p \gamma h}{2c + h\gamma\tan\varphi} \tag{5-8}$$

式中:γ——土体天然重度(kN/m^3);

K_p——被动土压力系数;

b_0、h——基坑预留护墙土体顶宽和土体高度(m);

c、φ——预留土体的黏聚力(kPa)(取固结块剪值)和内摩擦角(°)。

如图 5-7 及图 5-8 所示,在中心岛施工阶段,基坑周边留土,向中心岛方向逐渐形成二级和三级(地质条件较差区域)放坡开挖至基底。二级放坡高度分别为 2.0m 和 8.0m,平台宽度为 4.0~5.0m,一级放坡坡度均为 1:2.5,二级放坡坡度为 1:2.0,三级放坡高度分别为 2.0m、4.0m 和 4.0m,一级和二级平台宽度均为 4.0m,一级放坡坡度均为 1:4.5,二级放坡坡度为 1:1.5,三级放坡坡度均为 1:2.5。由于在基坑施工的过程中,留土放坡长期存在,并

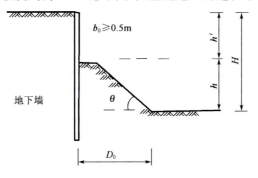

图 5-8 周边留土放坡剖面

对约束地下连续墙的变形发挥着非常重要作用,因此,整个施工过程中都必须确保土坡的稳定性。

由于放坡范围内的软土存在流变和蠕变特性,为提高被动区土体抗力,增强坡体的稳定性,在一级平台和二级平台位置采用水泥土搅拌桩进行土体加固,加固体呈墩式、互补错开分布。

坡面喷挂网喷混凝土处理(C20 厚 100mm,$\phi8@200\times200$ 双向钢筋网),并对放坡平台软土采取水泥土搅拌桩加固措施,从而保持土坡稳定性,达到控制基坑变形,保护环境的目的。水泥土搅拌桩采用格栅式布置,其长度控制以穿过淤泥质土层进入下卧层黏土层不得小于 1.5m,单桩桩长为 4~14m,搅拌桩成桩直径 600mm,水泥掺入量不小于 75kg/m,相邻搅拌桩之间搭接 200mm,桩间距 400mm,采用四喷四搅工艺施工确保施工质量。

最后,基坑开挖及支护期间的地下水采用明降明排的形式处理,坑顶、坑底设排水沟,坑底设集水井,基坑的积水经三级沉砂池沉淀后排入市政排水管线。主体结构基坑开挖采用深井井点降水措施,降低基坑内地下水位与疏干基坑内土体以满足开挖施工和主体结构施工期间要求,地下水位降低到结构底板以下 1.0m 以上。本工程井点间距 30m×30m,共计 30 个,井深约 13m。

(3)逆作区竖向支承系统

周边逆作区施工阶段,竖向支承构件采用一柱一桩支撑,即钻孔灌注桩和冲孔灌注桩内插钢管立柱作为逆作区竖向支承构件。

立柱钢管采用 Q235 钢,规格为 $\phi377\times10$,钢管内灌注 C40 免振自密实混凝土,混凝土坍落度大于 260mm,坍落扩展度大于 600mm。

每个钢管柱下设独立桩基础,桩径分别为 1000mm、1100mm 及 1300mm。桩基础以中风化花岗岩为桩端持力层,桩长以入岩深度控制,长度为 10~30m 不等,入岩深度 1~2.2m 不等。本工程结构柱网尺寸为 8.4m×8.4m,对一柱一桩单桩承载力和沉降要求均较高。钢管混凝土立柱垂直度和中心定位允许偏差要求为垂直度 1/150,中心偏差不大于 50mm。

5.3.4 "半逆作"环板支撑体系基坑施工步骤

本工程采用中心岛法施工,主要施工顺序为:围护结构地下连续墙施工→逆作区桩基及钢管柱施工→反压土搅拌桩加固→逆作区顶板施工→中心岛范围基坑开挖→反压土网喷加固→中心岛范围泄水反滤层及结构顺作法施工→逆作区土方开挖→逆作区结构中板施工→逆作区底板施工→逆作区侧墙施工→装饰装修及机电安装,施工步骤如图 5-9 所示。

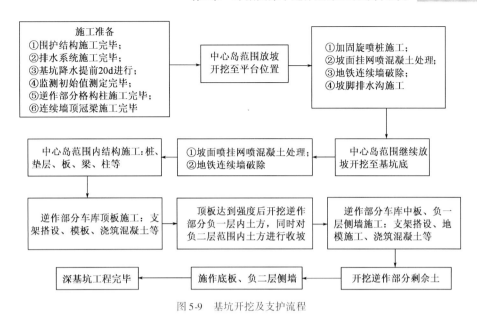

图 5-9 基坑开挖及支护流程

5.4 "半逆作"环板支撑体系施工工艺

施工总体部署原则:技术领先、设备先进、施工科学、组织合理、措施得力、突出重点、兼顾一般、稳中求快、预案在先、规避风险。

"半逆作"环板支撑体系施工关键工艺包括复杂环境下的地下连续墙施工方案与主要施工方法、桩基础及钢管柱施工方案与主要施工方法、坡面加固搅拌桩施工工艺与方法、主体基坑开挖及支护方法。

5.4.1 复杂环境下的地下连续墙施工方案与主要施工方法

(1)地下连续墙设计概况

本工程围护结构为地下连续墙,并与内衬墙叠合,形成叠合结构。地下连续墙厚度800mm,连续墙形状为"一"字型和"L"型,其中"一"字型137幅,"L"型16幅,共计153幅,连续墙平均深度约为17m(基坑深度约12m),标准幅宽为4.2m,接头采用工字型钢板接头。

(2)地下连续墙施工方案与主要施工方法

地下连续墙导墙基坑采用挖掘机和人工辅助开挖;钢筋现场制作、绑扎;模板采用厚度为18mm的木胶合板;混凝土采用商品混凝土,溜槽入模,插入式振动器振捣;覆盖洒水养护。

地下连续墙成槽采用优质泥浆护壁,液压抓斗成槽机与CZ-30型冲击钻机配合进行施工;钢筋笼现场加工制作;钢筋笼安装采用一台70t履带式起重机和一台50t履带式起重机采用双机递送法下放钢筋笼;水下混凝土采用商品混凝土,混凝土灌注采用导管法。

(3)地下连续墙施工工艺与工艺流程

①地下连续墙施工工艺流程见图 5-10。

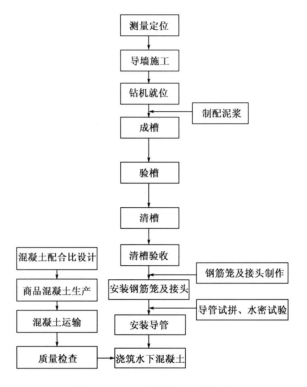

图 5-10　地下连续墙施工工艺流程

②导墙施工工艺与工艺流程。

导墙结构形式:导墙采用"┐ ┌"型,C20 钢筋混凝土结构墙顶面高出地面 0.2m,导墙断面如图 5-11 所示。

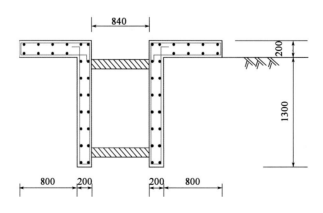

图 5-11　导墙断面(尺寸单位:mm)

导墙施工工艺流程见图 5-12。

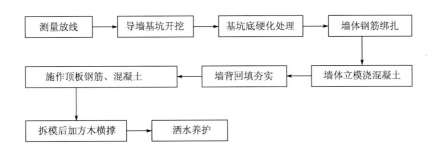

图 5-12　导墙施工工艺

③成槽施工顺序为采用 CZ-30 型冲击钻机先进行引孔施工。冲孔实行间隔 1 孔的施工方法，引孔完成后，采用液压抓斗挖槽机进行挖槽，遇到挖槽机不能挖掘的岩、土层时，利用方形锤进行修整成槽。圆形锤冲孔顺序如图 5-13 所示。

④地下连续墙施工常见问题、原因分析及处理方法见表 5-2。

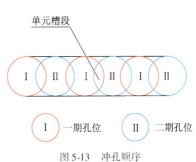

图 5-13　冲孔顺序

地下连续墙施工常见问题的预防处理措施　　　表 5-2

常见问题	原 因 分 析	处 理 方 法
槽壁坍塌	护壁泥浆选择不当，泥浆密度不够，不能形成坚韧可靠的护壁；地下水位过高，泥浆液面标高不够或孔内出现承压水，降低了静水压力；泥浆水质不合要求；泥浆配置不合要求；质量不合要求；在松软砂层中钻进，进尺过快，将槽壁扰动；成槽后搁置时间太长，泥浆沉淀失去护壁作用；单元槽段太长或地面附加荷载过大等	适当加大泥浆密度，控制槽内液面标高高于地下水位1m以上，选用合格泥浆，通过试验确定泥浆比重；在松软砂层中钻进，控制进尺，不要过快或空置时间太长，尽量缩短搁置时间，合理决定单元槽段长度，注意地面附加荷不要过大
钢筋笼难以放入槽内或上浮	槽壁凹凸不平或弯曲，钢筋笼尺寸不准，纵向接头处产生弯曲；钢筋笼重量太轻；槽底沉渣过多；钢筋笼刚度不够，吊放时产生变形，定位孔凸出，导管埋入深度过大或混凝土灌筑速度过慢，使钢筋笼托起上浮	成孔要保证槽壁面平整，严格控制钢筋笼外形尺寸。钢筋笼上浮，可在导墙上设置锚固点固定钢筋笼，清除槽底沉渣，加快浇筑速度，控制导管的最大埋深不超过6m
夹层	导管摊铺面积不够，部分角落灌筑不到，被泥渣填充；导管埋深不够，泥渣从底口进入混凝土内；导管接头不严密；首批下混凝土量不足，未能将泥浆与混凝土隔开；混凝土未连续灌筑；导管提升过猛或测深错误，导管底口超出混凝土面，浇灌时局部堵孔	在槽段灌筑时，配备 2 个混凝土导管同时灌筑，导管间距严格按规范要求执行，导管埋入混凝土深度为 2~4m，导管采用丝扣连接，设橡胶圈密封，首批下混凝土量需充足，使其具有一定的冲击量，能将泥浆从导管挤出，同时保持连续快速进行，导管不提升过猛；快速浇灌，并对混凝土面及时准确测量

⑤地下连续墙施工质量控制要点见图 5-14。

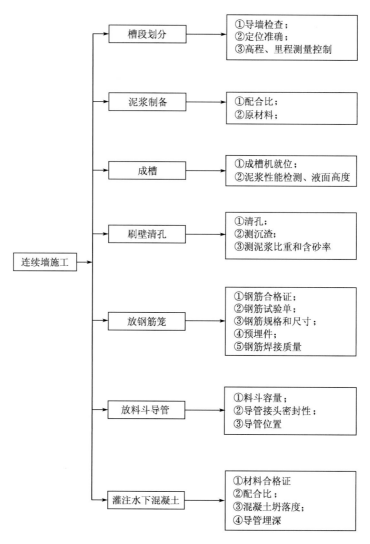

图 5-14　地下连续墙施工质量控制要点

5.4.2　桩基础及钢管柱施工方案与主要施工方法

1）设计概况

结构柱柱网间距为 8.4m×8.4m，每个钢管柱下设独立桩基础，桩径分别为 1000mm（ZH1-NZ、ZH2-NZ）、1100mm（ZH3-NZ）及 1300mm（ZH4-NZ），桩基础以中风化花岗岩为桩端持力层，桩长以入岩深度控制，长度为 10~30m 不等，入岩深度 1~2.2m 不等。桩基总数 182 根。

2）施工工艺流程

钢管柱施工总工艺流程见图 5-15。

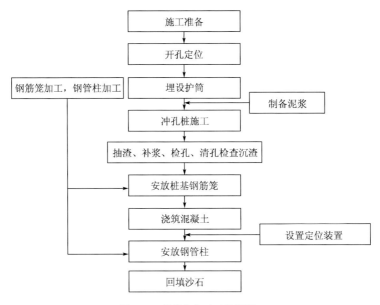

图 5-15 钢管柱施工工艺流程

(1) 施工准备

施工前应认真作好以下各项工作：

① 认真阅读施工图纸和工程地质与水文地质报告,充分掌握施工顺序、施工技术要求和施工质量标准。

② 做好冲击钻机、吊车等设备的调试保养、进场报验等工作。

③ 做好场地规划布置,平整施工场地,建造泥浆制备设施,接通水、电。

④ 编制施工技术交底和安全技术交底,并向全体施工人员进行详细的施工技术和安全技术交底;进行安全培训及教育,安排好检验试验工作。

⑤ 复测控制桩和水准点,并制订测量方案和监控量测方案。

⑥ 编制材料和设备供应计划并做好供应。安排好施工机具设备的维修保养工作。

⑦ 组织施工机械设备和材料进场验收合格。

(2) 桩位放样

桩位放样,按"从整体到局部"的原则进行桩基的位置放样,进行钻孔的标高放样时,应及时对放样的标高进行复核。采用全站仪准确放样各桩点的位置,使其误差在规范要求内。利用全站仪放出轴线及各桩位点,并利用水准仪引测各桩位标高。桩位放线后会同有关人员对轴线桩位进行复核,并办好相关测量签证。轴线桩位经复核无误后方可进行施工。

(3) 埋设护筒

按桩位准确埋设护筒,并由桩位中心点引出十字线并做好十字线控制点固定,用十字线量测出的护筒中心与桩位十字线中心,其误差应≤20mm。护筒与孔壁之间采用优质黏土分层夯实,护筒底部一般要超过松散的填土层,顶面要高出地面30cm,并开设溢浆口。

(4)冲击成孔施工

①钻机就位。控制冲击桩机钢丝绳在悬挂状态应与桩位控制十字线中心在一条线上。开钻前必须经施工员检查、质检员复核后方可开工。在正常施工中,应随时校核冲击桩机钢丝绳与桩位控制十字线中心在一条线上。

②冲孔钻进。冲击钻机冲孔前应在护筒内添加黏土,对于松散的表土层还要适当加一些片石或碎石。然后将孔内充满泥浆,再进行冲击。同时,宜用小的冲程低锤密击,以减少冲击时对护筒底口段的振动,维护此段孔壁的稳定。在穿过护筒底口以下3~4m后,即可根据地质情况适当加大冲程。

(5)嵌岩深度确定

桩基嵌岩深度根据成孔过程中的岩样和参考成孔速度进行确定,并报勘查及设计单位签认,本工程桩基深度以入中风化岩深度确定,因此每个桩孔终孔时需保留终孔时岩样备查。

(6)清除孔底沉渣

采用大泵量优质泥浆进行冲孔,同时配合桩锤在孔底进行上下活动,以抽吸震荡悬浮孔底沉渣,并同时采用低冲程轻锤密击以破碎孔底较大颗粒,以便泥浆能够悬浮携带,将孔内沉渣清除,直至沉渣厚度符合设计要求。

(7)成孔检查

成孔达到设计标高后,对孔深、垂直度进行检查,不合格时采取措施处理。成孔检查方法采用测绳对孔深进行检查,如果孔底虚土厚度超过规范要求或者有塌孔现象,要用钻机重新进行清孔,直到满足规范要求。经质量检查合格的桩孔,及时灌注混凝土。导管安装完毕,灌注混凝土前,要再一次量测孔的深度,如果有塌孔现象发生,要提出钢筋笼,重新进行清孔处理。灌注桩的平面位置和垂直度的允许偏差见表5-3。

灌注桩的平面位置和垂直度的允许偏差　　　　表5-3

成孔方法		桩径允许偏差(mm)	垂直度允许偏差(%)	桩位允许偏差(mm)	
				1~3根、单排桩基垂直于中心线方向和群桩基础的边桩	条形桩基沿中心线方向和群桩基础的中间桩
泥浆护壁灌注桩	$D \leq 1000mm$	±50	<1	$D/6$,且不大于100	$D/4$,且不大于150
	$D > 1000mm$	±50	<1	$100 + 0.01H$	$150 + 0.01H$

(8)灌注混凝土

①采用水下混凝土灌注,选择导管直径为240mm。

②导管用丝扣连接,管连接应顺直、密闭,使用前对其进行气密性检查,吊放入孔时,在

桩孔内的位置应保持居中,防止导管跑管,损坏钢筋笼。

③开始灌注混凝土时,导管底部至孔底的距离宜为300~500mm。

④灌注前,利用皮球作为止水塞,以保证初灌混凝土的质量。首批混凝土灌注方量要经过计算确定,对孔底沉淀层厚度应再进行一次测定,必须有足量的首批混凝土,使导管口一次埋入混凝土面以下1.5m以上,严禁初存量不足就开始灌注。将首批混凝土灌入孔底后,立即测探孔内混凝土表面高度,计算出管内埋置深度,确保混凝土正常灌注。

⑤首批混凝土灌注正常以后,应紧凑、连续不断地进行灌注,但也不宜过快,以防上冲力过大导致钢筋笼上浮,同时注意观察管内混凝土下降和孔内水位升降情况,及时测量孔内混凝土面高度,以便及时提升或拆除导管。

⑥灌注过程中,导管埋深宜为2~5m,严禁导管提出混凝土面,导致断桩。

⑦在灌注将近结束时,由于导管内混凝土柱高度减少,压力降低,而导管外的泥浆及所含渣土稠度增加,相对密度增大,如出现混凝土顶升困难时,可在孔内加水稀释泥浆,并掏出部分沉淀土,使灌注工作顺利进行。在拔出最后一段导管时,拔管速度要慢,以防止桩顶沉淀的泥浆挤入导管下形成泥心。

⑧严格控制最后一次灌注量,使灌注的桩顶标高超过设计标高0.8m。

⑨成孔后的灌注间隔时间不宜过长,否则,灌前应重新测量沉渣是否满足要求。

⑩在灌注混凝土时,每根按规定制作混凝土试块,并妥善养护,强度测试后,填写试验报告表。有关混凝土灌注情况、各灌注时间、混凝土面的深度、导管埋深、导管拆除以及发生的异常现象等,指定专人进行记录。

(9)钢管柱施工方法

立柱钢管采用Q235钢,规格为$\phi377\times10$,钢管内灌注C40混凝土。立柱提前在地面加工好,工作钢管加工成一节,利用工具钢管进行安装,钢管安装过程如图5-16所示。

(10)桩孔回填

钢管柱下放完毕、柱底混凝土凝固后,方可按要求对空桩部分进行回填砂施工。砂采用机械配合人工回填。回填过程中注意加强对钢管的保护,避免碰撞损坏。

5.4.3 坡面加固搅拌桩施工工艺与方法

1)边坡设置

本工程采用中心岛法施工,周边放坡开挖,坡度为1:1.5~1:3.5不等,中间预留4m或5m宽不等的平台,根据地质条件的变化设一级或两级台阶。具体坡度与台阶的设置详见《深圳市益田中心广场地下停车库工程围护结构剖面图1-1′~8~8′》。基坑支护平面布置详见图5-17。

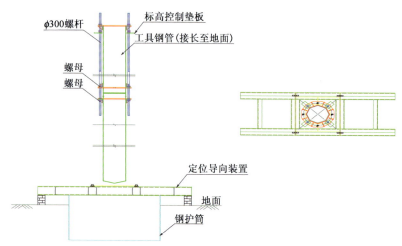

一、定位导向装置安装及固定，保证中心与设计中心桩重合，保证不发生移动。起吊钢管通过导向装置进入已灌注的桩基。

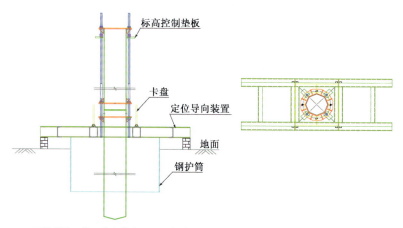

二、下放钢管，待工作钢管与工具钢管连接法兰下至导向装置处时，打开卡板，待法兰通过后再关闭卡板，继续将钢管下放至设计高度。

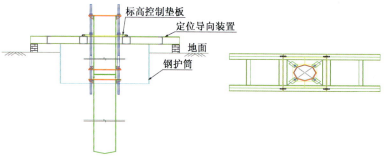

三、将螺杆上的标高控制螺母及垫板旋至设计位置，钢管下放至设计位置后，将螺母锁紧。待桩身混凝土初凝后，拆除连接螺杆及工具钢管。开挖后灌注钢管内混凝土。

图 5-16 钢管安装过程

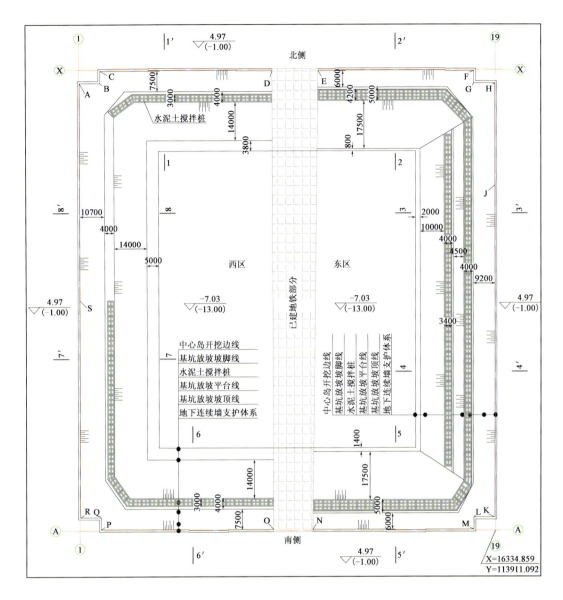

图 5-17 基坑支护平面布置(尺寸单位:mm;高程单位:m)

2)施工工艺与工艺流程

(1)工艺流程

四搅四喷搅拌桩施工工艺流程如图 5-18 所示。

(2)搅拌桩施工工艺

①场地清理及定位。

a.清除搅拌桩施工范围内地下的建筑垃圾、混凝土板块、树根等影响搅拌桩正常施工的障碍物。

b.按照桩位平面布置图,确定合理的施工顺序及配套机械、水泥等材料的堆放位置。

c.施工场地基本要平整,对设计图纸桩位进行编号,由于搅拌桩较多(7根)且不规则,所以桩位编号分成东南、东北、西南、西北4个区域,东南区域(DN1-2820)、东北区域(DB1-1-2820)、西北区域(XB1-1776)及西南XN(1-1181)。

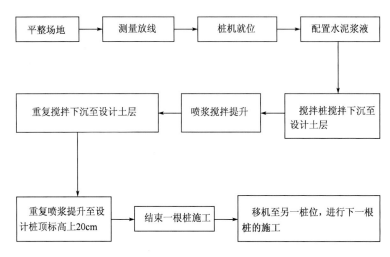

图 5-18 水泥土搅拌桩施工工艺流程

d.每根桩施工前,都要从两个互相垂直的方向校正搅拌轴的垂直度,直至搅拌轴与铅垂方向一致。垂直度误差不超过0.5%。

e.将搅拌桩机移至设计桩位,定位对中,桩位偏差不超过5cm(包括测量放样和对中偏差)。

②制浆。

a.采用硅酸盐水泥P.O.42.5R,水灰比0.50~0.60。

b.拌制浆液前,应先在灰浆拌制机内注入一部分清水,然后边搅拌边倒入水泥。水量按水灰比定量施加。

c.浆液拌和时间不得少于3min。

③搅拌下沉。

a.待搅拌机冷却水循环正常后,启动电动机。

b.放松起吊钢丝绳,使搅拌机沿导向架搅拌切土下沉,下沉搅拌速度不大于1m/min。

c.下沉过程中开启灰浆泵,匀速喷浆。正式施工前,先在具有代表性位置试桩,以确定施工参数,如输浆量、走浆时间、来浆时间、停浆时间、总喷浆时间、搅拌下沉及提升速度等。

d.搅拌下沉必须达到设计要求深度,即搅拌桩底进入最底层淤泥质土层以下地层不少于1.5m或达中风化花岗岩顶面。

④提升喷浆搅拌。

a. 当搅拌头下沉到加固体底标高时,搅拌头在桩底原地搅拌 30s。以确保水泥浆液通过输浆管和钻杆压入加固体底部,然后边喷浆边提升搅拌头。

b. 严格按照设计确定的提升速度 15~20cm/min 提升搅拌头。

c. 若由于电压过低,输浆管堵塞或其他原因造成停机,当搅拌机重新启动后,为防止断桩,必须将搅拌头下沉至停浆点以下 0.5m,等恢复供浆后再喷浆提升。

d. 配置的水泥浆必须在第二次提升喷浆时用完,要求沿桩身深度分布均匀。

e. 清洗机具向集料斗内注入清水,开启浆泵,清洗全部管路中残存的水泥浆液,直至基本干净。

f. 将搅拌机移至下一个桩位,重复以上工序。因设计要求相邻桩施工须连续,在前一根桩施工完不超过 4h 必须施工搭接桩,因此施工时按图 5-19 所示顺序进行。

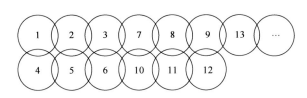

图 5-19 施工循序

3)施工中应注意的问题

(1)必须严格按设计要求控制水灰比,若水灰比过大,成桩后将影响桩的强度。施工现场必须有定量容器,按要求的水灰比加水和水泥,罐内搅拌水泥浆的时间不得少于 3min。

(2)喷浆必须连续进行。喷浆下搅速度控制在 1m/min,上提速度 0.15~0.2m/min,转速 60r/min,喷浆压力 1.0~1.4MPa,喷浆量 30L/min。供浆中断,应及时通知操作者,再喷浆时,应下放到喷浆位置以下 0.5m(下搅喷浆应上提 0.5m 以上),以防止出现断桩现象。

(3)严禁加清水下搅施工。遇到硬层,下搅困难,可采取增加搅拌机自重的措施,然后启动加压装置加压,绝对不允许全程加水下搅施工。

(4)上提喷浆到地面发现钻头被黏泥包住时,必须下搅、上提,用高转速甩掉黏泥,避免发生空心桩事故。

(5)施工中应设专人记录下搅或提喷到每米时间、供浆与停浆时间,以及施工中发生的问题及处理情况。

4)基坑开挖防止边坡失稳措施

(1)严格按设计坡度开挖,必要时在中间设台阶。

（2）在基坑四周及基坑内设置完善通畅的排水系统，保证雨季施工时地表水的及时抽排。

（3）坡面作喷射混凝土处理，必要时挂钢筋网、打设土钉进行边坡加固。

（4）密切观测天气预报，暴雨或大雨来临前，停止开挖，立即对边坡进行覆盖防护。同时，及时抽排汇入排水沟内的水，尽量减少基坑积水，确保基坑安全。

5）防止砂层液化的措施

（1）认真做好基坑降水工作。

（2）采取减振措施减少机械设备产生较大振动。

（3）合理安排施工场地，不在基坑边上增加荷载。

5.4.4 主体基坑开挖及支护方法

1）基坑开挖方案概述

本深基坑降水采用管井降水与基坑排水沟相结合的方法，基坑开挖采用中心岛法。先开挖中心岛范围内土方，由南往北放坡开挖，挖掘机直接装运出土；中心岛范围内土方开挖完毕后，施工中心岛范围内车库结构；待中心岛范围内结构施工完毕后，施工盖挖逆作段顶板，暗挖负一层、负二层土方，该部分土方开挖采用小型挖掘机配合小型自卸汽车进行挖土转运至出土口，出土口处土方采用挖掘机倒运出基坑。

2）主体结构基坑开挖步骤

主体结构基坑开挖步骤见表5-4。

3）基坑开挖方法

（1）中心岛范围内土方开挖

①土方开挖方法。

本工程采用中心岛法进行基坑开挖。根据场地周边环境条件综合考虑，开挖从南往北进行，先放坡开挖南端，土方采用挖掘机直接开挖装入自卸车运输。由南往北开挖时，先挖靠近原地铁连续墙处土方，以便于对原地铁连续墙的破除。东西两侧开挖时，按设计要求放坡开挖并留平台。

中心岛范围内采用土方分层开挖的方法，第一层开挖至设计放坡平台高度后，暂停土方开挖，并立即施作水泥土搅拌桩和坡面挂网喷混凝土，待水泥土搅拌桩和坡面网喷混凝土施工完毕并达到设计要求后，方可继续往下开挖至下一层平台（HJ、JK 段）或基坑底（AD、EH、KN、OR、RS、SA 段）。

中心岛范围开挖详见图5-20、图5-21。

第5章 环板支撑半逆作法深基坑综合研究

主体结构基坑开挖步骤

表5-4

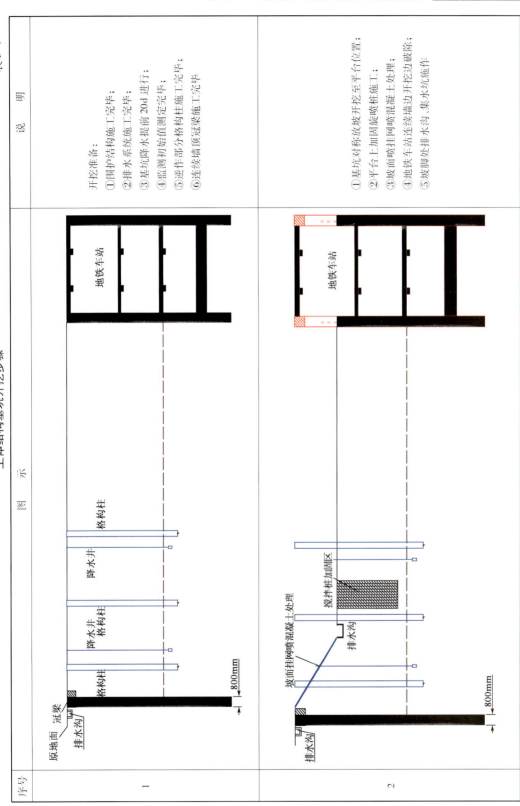

序号	图 示	说 明
1		开挖准备： ①围护结构施工完毕； ②排水系统施工完毕； ③基坑降水提前20d进行； ④监测初始值测定完毕； ⑤逆作部分格构柱施工完毕； ⑥连续墙顶冠梁施工完毕
2		①基坑对称放坡开挖至平台位置； ②平台上加固旋喷桩施工； ③坡面挂钢网喷混凝土处理； ④地铁车站连续墙边开挖边破除； ⑤坡脚处排水沟、集水坑施作

97

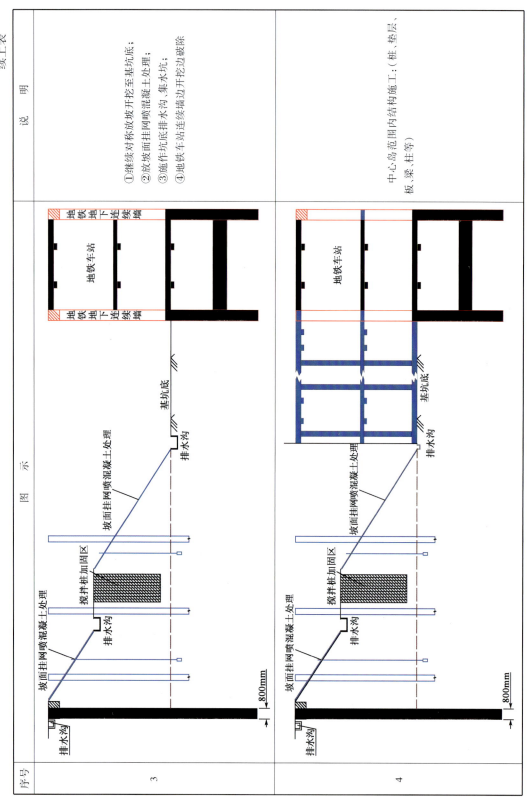

第5章 环板支撑半逆作法深基坑综合研究

续上表

序号	图示	说明
5		车库逆作部分顶板施工： ①支架下处理：打设松木桩+垫板； ②顶板搭设支架、立模板、浇筑顶板
6		①顶板达到强度后拆除顶板支架，并开挖逆作部分负一层，收坡部分负二层土方； ②放坡处理； ③中板搭设支架、立模板（部分采用地模），浇筑车库中板； ④浇筑车库负一层侧墙、混凝土柱

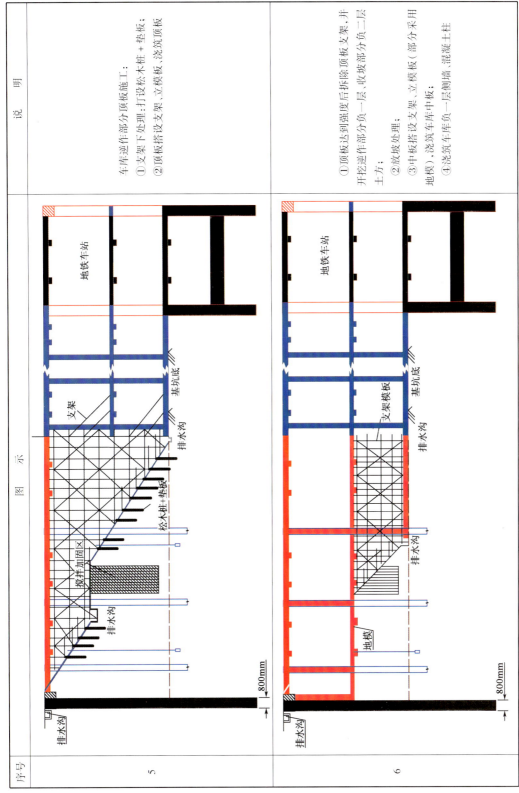

99

续上表

序号	图 示	说 明
7	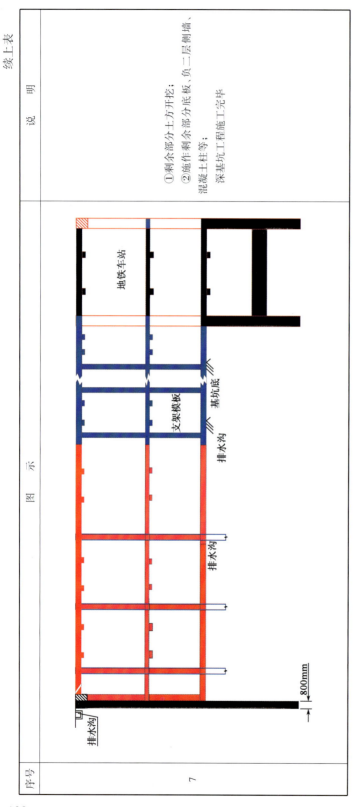	①剩余部分土方开挖；②施作剩余部分底板、负二层侧墙、混凝土柱等；深基坑工程施工完毕

第5章 环板支撑半逆作法深基坑综合研究

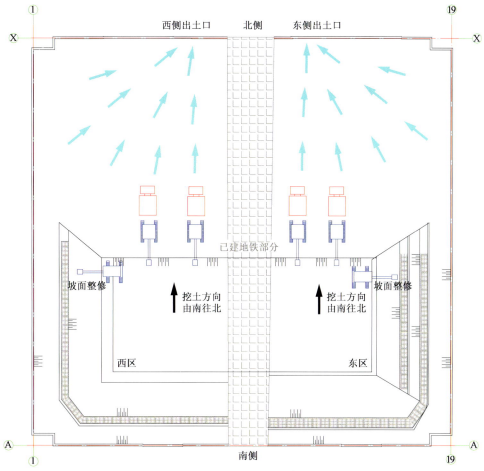

图 5-20 基坑开挖平面示意图

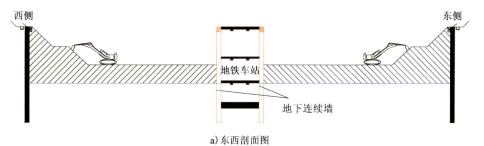

a) 东西剖面图

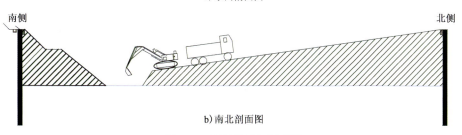

b) 南北剖面图

图 5-21 基坑开挖剖面示意图

②开挖机械配置。

根据基坑开挖形式、开挖深度、土质情况,确定采用挖斗容积为 $0.8m^3$ 的 PC200 型挖掘机,东西施工区域各配备 2 台,共计 4 台。自卸汽车数量若干,以满足挖掘机不窝工为宜。

③开挖技术要求及措施。

a. 基坑开挖在地下连续墙、冠梁钢筋混凝土达到设计强度后进行。开挖沿南北纵向放坡进行,横向按照设计要求坡度进行放坡开挖。

b. 地铁益田站两侧围护结构外土体需对称平衡开挖,防止因开挖土体高差过大,使已完工车站结构不均衡受力而对结构产生损害。

c. 基坑开挖过程中,及时对坡面及放坡平台按设计要求进行处理后,方可进行下层土体的开挖。坡面处理方法:网喷混凝土 C20 厚 100mm,钢筋网片 $\phi 8@200\times200$;平台处理:水泥搅拌桩直径 600mm,水泥掺入量不小于 75kg/m,相邻搅拌桩之间搭接 200mm,桩间距 400mm,采用四喷四搅工艺。

d. 开工前,在基坑周围地面设置排水沟,确保地面水不流入基坑。基坑开挖后,及时设置坑内排水沟和集水井,并将坑内积水及时抽排至基坑外,防止坑底积水。

e. 严格控制开挖标高,在开挖至基底剩余 0.2~0.3m 时,由人工清底开挖至设计标高,严防超挖。

f. 垫层施工前应排干基底积水,若基底水浸软化,则必须将浸泡后的软泥清除干净并回填碎石后,方可施工混凝土垫层。

(2)盖挖部分土方开挖。

①土方开挖方法。

盖挖部分土方在中心岛范围内车库结构施工完毕后分两部分两次开挖完成(详见表5-4):第一次(第一部分),车库盖挖部分顶板、顶梁施工完毕后,开挖负一层范围全部土体、负二层范围靠近基坑内侧部分土体;第二次(第二部分),车库中板施工完毕后,开挖剩余全部土体;

a. 第一部分土体开挖:东西区域各开两个工作面,由基坑中部往南北两侧推进。PC60 型挖掘机直接将土装入基坑内小型自卸汽车,小型自卸汽车沿坡脚将土运至出土口后,由两台挖掘机将土倒运至基坑外大型自卸汽车上运出场外,如图 5-22、图 5-23 所示。

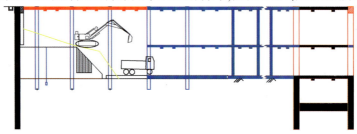

图 5-22 逆作部分土方开挖示意图 1

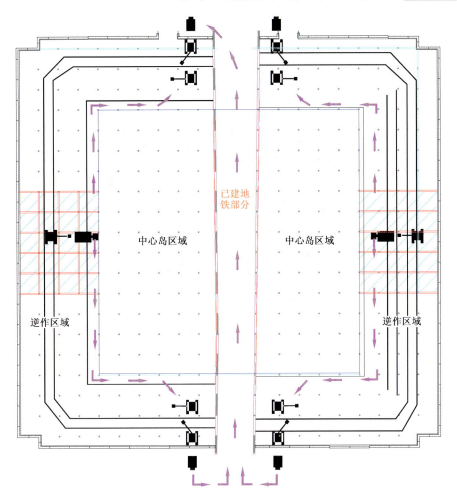

图 5-23　逆作部分开挖及运输线路图 1

b. 第二部分土体开挖：东西区域各开两个工作面，由基坑中部往南北两侧推进。PC60 型小型挖掘机直接将土装入基坑内小型自卸汽车，小型自卸汽车通过已施作完毕的底板将土运至出土口后，由两台挖掘机将土倒运至基坑外大型自卸汽车上运出场外，如图 5-24、图 5-25 所示。

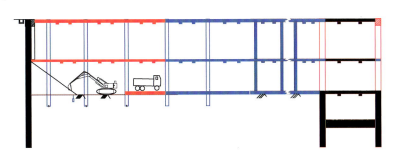

图 5-24　逆作部分土方开挖示意图 2

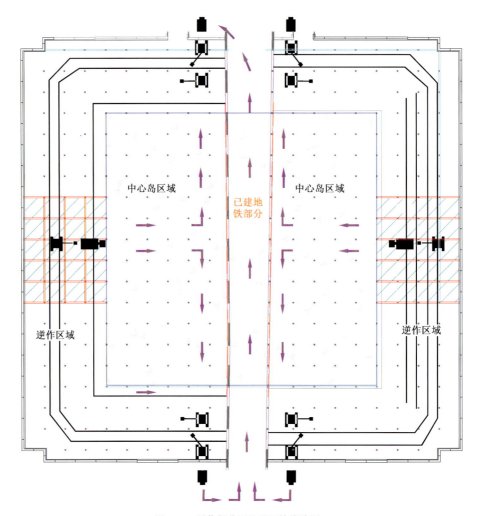

图 5-25　逆作部分开挖及运输线路图 2

②开挖机械配置。

根据盖挖部分净空、出土效率等情况确定：

盖挖段第一部分土体挖掘时,坑内挖机采用 PC600 型挖斗容积为 $0.4m^3$ 的挖机,出土口挖机采用 2 台 PC200 型采用挖斗容积为 $0.8m^3$ 的 PC200 型挖掘机,东西施工区域各配备 3 台,共计 6 台(可根据出土快慢情况适当增加)。自卸汽车数量若干,以满足挖掘机不窝工为宜。

盖挖段第二部分土体挖掘时,坑内挖机采用 PC60 型挖斗容积为 $0.4m^3$ 的挖机,出土口挖机也采用 2 台 PC200 型采用挖斗容积为 $0.8m^3$ 的 PC200 型挖掘机进行倒土,东西施工区域各配备 3 台,共计 6 台(可根据出土快慢情况适当增加)。坑内配备 2 台小型自卸汽车进行土方转运,坑外配备若干大型自卸汽车进行土方转运。

③开挖技术要求及措施。

a. 逆作部分基坑开挖在逆作部分顶板混凝土达到设计强度后,方可往下开挖。

b. 逆作部分结构施工支架体系采用满堂红钢管脚手架,因逆作部分放坡原因,需对坡面有钢管支架支座处进行特殊处理防止支架失稳:按钢管支架立杆间距,由人工开挖修整成宽度为40cm宽台阶后挂网喷射混凝土,在台阶上布置30cm×30cm×10cm混凝土垫块如图5-26所示。

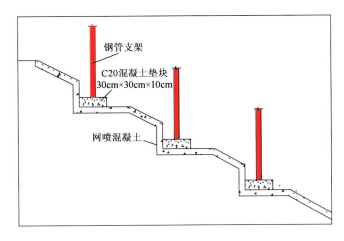

图5-26 支架下坡面处理

c. 盖挖部分开挖过程中,注意加强对钢格构柱、已施工完毕梁、板、柱的保护防止损坏。特别是在第二部分土方开挖时,运输车辆需在已施工完毕的底板上行走,必须限定车辆行驶路线,并设立隔离带(距离已施工完毕的柱0.5m),车辆慢速行驶,严防车辆碰撞结构柱。

d. 出土口处,最后剩余土方采用长臂挖掘机从结构孔洞处直接开挖。

4) 基坑开挖工期间应急措施

(1) 地表沉降应急措施

由于基坑的挖深,造成周围路面下沉、路面开裂和高低差较大致使车辆不能行驶的,马上向益田村管理处部门报告请求疏解交通,设置必要的警示标志,并派人协助维护交通,保持交通畅通。

采取的措施为立即停止开挖,增加基坑反压土数量,设置临时钢管支撑等。地面加强措施为在房屋基础5m范围内才用注浆进行加固土体,地面注浆材料采用纯水泥浆,注浆压力0.5~1.0MPa。

(2) 围护结构发生漏水、涌砂应急措施

土方开挖过程中派专人对基坑进行观察,发现险情立即停止开挖,立即处理。

当涌砂、漏水轻微时,主要采用塑料管引流的方法控制水、砂的流量及流向,找到渗漏点后,使用水泥砂浆掺入水玻璃封堵。封堵期间采用塑料胶管引流,引流管导入基坑底集水井内。集水井沿基坑四周布置,内设小型水泵将水排出基坑。

如渗漏情况严重时,立即停止施工,在渗水点下方铺设塑料布减少对基底的冲刷,用棉被等填塞孔洞漏水处,防止泥沙被水带出掏空墙后土体。采用大管径胶管引流,水泵排水同时立即向业主、设计、监理汇报,查找漏水原因。如因给排水管线破裂造成漏水,立即通知有关单位进行处理。如因降水井原因,采用大功率水泵并将水泵下沉到井底,增加降水井过滤段有效长度,提高单井出水量。

(3)围护结构变形和位移较大应急措施

当围护结构变形及位移过大时立即停止开挖,回填反压土,并在围护结构与已施工完毕的中心岛中板间架设临时钢管支撑($\phi 609 \times 12$),如图5-27所示。

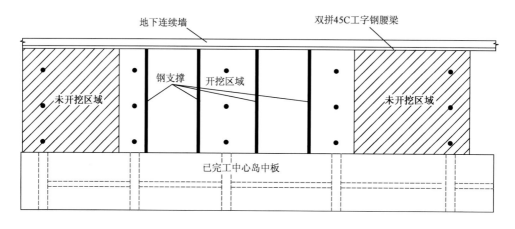

图5-27　临时钢管支撑

(4)钢管柱变形过大的应急措施

钢管柱变形过大时,要立即停止土方开挖,增加钢管柱纵横向联系及其与中心岛结构的联系,确保钢管柱稳定,如图5-28所示。

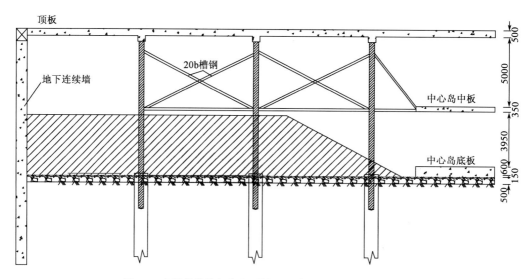

图5-28　钢管柱纵横向联系及其与中心岛结构(尺寸单位:mm)

5.5 施工照片

施工照片见图 5-29～图 5-36。

图 5-29 传统锚杆支护体系

图 5-30 环板盖挖逆筑法支撑体系(一)

图 5-31　环板盖挖逆筑法支撑体系(二)

图 5-32　环板支护下的主体结构底板倒滤层无纺布施工

第5章　环板支撑半逆作法深基坑综合研究

图5-33　环板支护下的主体结构底板倒滤层与底板钢筋混凝土流水作业

图5-34　环板支护下的底板钢筋混凝土施工

109

图 5-35　环板支护下的底板施工

图 5-36　环板支护下的主体结构底板倒滤层与底板钢筋混凝土施工

第6章 泄水反滤层施工工法研究

6.1 泄水反滤层施工特点

6.1.1 土工织物概述

1) 土工织物概念和特性

用合成纤维纺织或经胶结、热压针刺等无纺工艺制成的土木工程用卷材,也称土工纤维或土工薄膜。合成纤维的主要原料有聚丙烯、聚酯、聚酰胺等。土工织物按其用途分为滤水型、不透水型及保温型。宽度为1~18m,长度不限。土工织物的厚度与成型方法有关,每平方米的质量从16g到900g不等。

土工织物的特性包括物理特性、力学特性、水利特性以及耐久性。具体概述如下:

(1) 物理特性

物理性质主要有单位面积质量、厚度、均匀性等。单位面积质量是指单位面积的土工织物具有的质量,它反映材料多方面的性能,体现了土工织物的综合指标,通常用来表示土工织物的产品规格。单位面积质量的均匀率是评价土工织物质量好坏的一个重要指标。厚度也是评价土工织物质量好坏的一个重要指标。

(2) 力学特性

力学性质主要有断裂强度、延伸率、梯形撕裂、CBR顶破强度。因为土工织物是把纤维做成多方向的或任意性的排列,因此强度没有显著的方向性。土工织物是柔性材料,大多通过其断裂强度来承受荷载以发挥工程作用。断裂强度,即试样拉伸时至断裂能承受的最大拉力,是评价力学性质的重要指标,也是选择土工织物的主要依据。延伸率是指试样拉伸时对应最大拉力时的应变。国标《土工合成材料短纤针刺非织造土工布》(GB/T 17638—1998)中要求土工织物的延伸率为25%~100%即为合格。土工织物在铺设和使用过程中,常常会有不同程度的破损。撕裂强度反映了试样抵抗扩大破损裂口的能力,可用于评价不同土工织物被破损程度的难易,是评价力学性质的重要指标。CBR是模拟粗粒石料对土工织物的顶破作用试验。

(3) 水力特性

土工织物的水力学特性是指它的透水和阻挡土颗粒被水流带出的能力,这种独特的性质是它得以广泛应用的重要原因,因此水力学特性是选择土工织物、特别是用于在反滤排水及有关工程中时必须着重考虑的因素。决定和表征土工织物水力学性质的主要指标是它的孔径和渗透性,这些因素决定了土工织物在实际应用中代替传统粒料建造反滤层和排水体。

(4)耐久特性

土工织物的耐久性是指它抵抗外界气候和有害物质作用而变质的能力。工程上主要用抗老化能力、抗化学侵蚀、抗冻性和抗生物侵蚀等来描述耐久性。

土工织物老化的外界因素,可分为物理因素、化学因素和生物因素,主要包括太阳光、氧、臭氧、热、水分、工业有害气体、机械应力和高能辐射的影响以及微生物、生物的破坏等。土工织物老化的速度与阳光辐射的强度、温度、湿度、聚合物原材料的种类、颜色、添加剂、外加材料、织物的结构形式及使用的具体环境条件密切相关。

2)土工织物概念和特性

土工合成材料在20世纪60年代末开始应用于欧洲。土工织物为透水性土工合成材料,从20世纪50年代末期开始至20世纪60年代期间,有纺和无纺土工织物在土建工程(特别是水利工程)中被成功地用作反滤、排水及隔离材料,推动了土工合成材料的应用,形成了产品市场,品种和质量都得到进一步的发展和提高。

20世纪70年代,由于纺粘法土工织物的大量生产,土工织物的应用有了新的发展。其特点首先是应用范围日益广泛,在水利水电、海港、公路、铁路、建筑和国防等各个领域中都得到应用;其次,像美国陆军工程师兵团水力学研究室等科研、教学单位都针对土工合成材料的应用开展了系统的试验和理论研究工作,大大促进了土工合成材料科学的发展。

20世纪80年代以后,土工合成材料的应用又有了新的飞跃,产品型式不断革新,各种复合型、组合型土工合成材料不断涌现。

近年来由于制造工艺的改进,生产出大量成本低、强度高的产品,使土工合成材料的应用飞速地发展起来。土工合成材料的应用可在提高工程质量的同时,降低工程造价。国外多年实践表明,土工合成材料的成本一般只占总投资的1%~2%,但由于在同等设计标准下减少了砂石、水泥等材料的用量,总的工程造价可以降低20%~40%。此外,土工合成材料的应用既提高了工程的质量,又延长了工程的使用年限,因此被称为继钢材、水泥、木材之后的第四种新型建设材料。土工合成材料可分为土工织物、土工膜、特种土工合成材料和复合型土工合成材料等类型。

6.1.2 土工织物反滤层机理

(1)一般砂石反滤层机理

工程中无论何种形式的滤层,总是要让水能自由通过,同时要阻止或减少土颗粒的流失,满足土和排水准则,而这两个准则在某种程度上是相互矛盾的。在土工织物之前,人们寻找到了这种材料:其开孔小到可以截留土粒,同时又可以大到足以排水,这就是一定级配的砂砾料。由天然材料组成的反滤层一般由 2~4 层不同粒径的砂石料组成,层次大体与渗流方向正交,粒径随着水流方向由细到粗以保护地基土及坝体土,防止土粒被渗流带入排水。

这样形成的反滤层必须满足:①被保护的土层颗粒不应穿过反滤层被带走。②反滤层粒径较小一层的颗粒不应穿过较大一层的颗粒孔隙。③每一层内的颗粒不应发生移动。④特小的颗粒可以允许通过反滤层的孔隙被带走,但不得堵塞反滤层,同时不破坏原土料的结构。

按照上述原则设计出的反滤层每一层砾料的粒径,对砂石料进行专门筛分选配,总可以得到所需要的反滤层。

(2)土工布反滤层机理

土工织物反滤作用机理有两方面的含义:一是土工织物的过滤作用等同于传统的天然粗粒材料(砂、石料)的过滤作用,在挡土方面是利用土织物具有足够小的孔径来阻挡被保护土中骨架土料的通过。另一种含义是土工织物本身并不起过滤中的挡土作用,而是在靠近土工织物处,诱发被保护土层形成一层天然滤层,该天然滤层起到过滤的作用,所以土工织物被认为只起到一个催化剂的作用。在一般情况下,这两种过滤机理是同时存在的,仅仅在不同的场合和条件下只发挥某一种机理的作用或以某一种机理为主的作用。反滤层机理如图 6-1 所示。

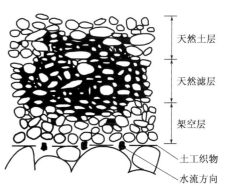

图 6-1 反滤机理

(3)淤堵机理

土工织物中的孔道被堵塞,过水面积减小,渗透性下降的现象称淤堵。形成淤堵的原因可分为机械淤堵、化学淤堵和生物淤堵。一般情况下,机械淤堵为主要形式。机械淤堵是土体中的细颗粒随水流进入土工织物孔隙中,并停留其中,随着时间增长,停留的细粒愈来愈多,织物的透水性愈来愈小。化学淤堵是由于渗流水中的各种离子,受化学作用形成不溶于水的化合物,如 $CaCO_3$、FeO_2 等,停留于织物孔隙中,减少水流通道从而降低织物的渗透性。生物淤堵是土体或土中水内的藻尖、菌头微生物和有机质在织物孔隙中滋长繁殖,堵塞孔隙所造成。淤堵对织造型和非织造型土工织物有着不同影响。织造型织物孔口通道单一,管状通道间不连通,故孔口或通道内任一处被堵塞,整个通道即不通。针刺非织造土工织物则兼有垂直和水平结构,而且它们之间是相通的,织物孔隙呈迂回树枝状的立体结构,水分进入后即可相互串通,所以即使大部分孔隙被堵塞,仍可保持相当的透水性。

6.1.3 土工织物反滤层的特点

土体在渗流作用下,需要设置反滤层加以保护,以免发生颗粒的过量流失或管涌现象。过去多以砂砾和卵碎石等粒状材料按照颗粒的粗细分层铺设,做成保护土体的反滤层。用土工织物代替粒状材料具有多种优点:

(1)厚度薄、质量轻,这将使工程材料运输量大大减少,亦有利于大面积施工。

(2)强度和延伸率的性能适应地基的变化,抗拉强度为 $1.7 \sim 2.0 kN/cm^2$,延伸率为 $10\% \sim 24\%$,利用其抗拉强度可使荷载均匀分布,使地基受荷载作用条件得到改善;由于延伸率较大,柔韧性好的特点,能适应地基的变化,达到保护土层的作用。

(3)抗冲击性能好。土工织物能否经受施工时的冲击力作用,是设计、施工人员所关心的。据有关试验,将带尖角的质量为 26kg 的块石从一定高度自由落下,土工布仍完好无损,经纬线均未发现断裂现象。

(4)过滤能力在工厂已经确定,网孔分布均匀,不受现场铺设条件的影响。

(5)土工布长期深埋土中,受紫外线影响很小,不用担心老化问题。

(6)铺设方便,施工速度快,节省劳动力。

(7)工程造价低。用土工布代替传统沙石反滤层,可节省投资。

6.1.4 泄水反滤层的构造形式

土工织物用于反滤层的类型可以分为两种类型:一是单独使用针刺非织造布,上层不铺设砂石反滤层;二是使用针刺非织造布,上面铺设砂石反滤层。其具体构造形式如图 6-2 所示。

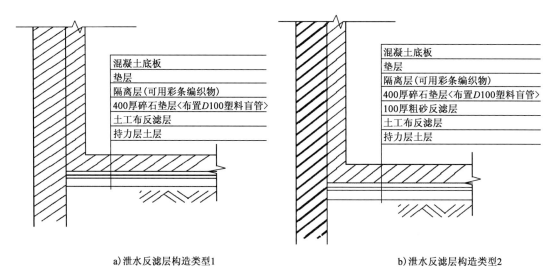

图 6-2 泄水反滤层构造类型

研究试验表明,在土工织物与被保护土层之间可以明显地改善过滤的效果和土工布淤堵的情况,因此控制泄排水抗浮反滤层的结构形式采用类型 2,通过底板的土工布反滤层,地下水进入了碎石层内的塑料盲管,塑料盲管将地下水汇集到底板周边的取水口内,有压的地下水在水压的作用下进入立管,通过立管将地下水汇集至积水井,由泄水引出点将地下水引至外界。泄水引出点如图 6-3 所示。

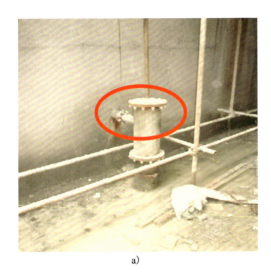
a)

b)

图6-3　泄水引出点

6.2　关键控制点和施工流程

6.2.1　泄水反滤层土工布关键控制参数

1)土工布设计原则

为确保泄水反滤层的稳定,土工布滤层的主要作用机理及其性能与要求有以下几个方面。

(1)满足透水性能要求

土工织物应具有足够的透水性,能及时将反滤层的地下水导排至塑料盲管中,以防止反滤层在渗流水作用下发生流失与变形。故选取土工织物的渗透系数必须大于被保护土体的渗透系数。由于针刺型土工织物的孔隙率较大(最高可达 90% 以上),即使土工织物的孔眼被细土粒部分淤堵后,不仅仍具有良好的透水性能,而且还具有长期不被淤塞和加速被保护土体团结的机理,这是采用土工织物取代集料滤层一个十分重要的优越性能。

(2) 满足保砂性能要求

土工织物滤层在满足透水要求的基础上,还必须同时具有一定的保砂性能,即防止被保护土体的骨架颗粒不得随地下渗流水流失的要求。故选用土工织物的孔隙率及其渗透系数除应满足上述透水要求外,其有效孔径(O_e)还应有挡住被保护基土大部分的骨架颗粒(紧靠滤层的极少量的最细颗粒除外)不得被流失的效果,两者是相互制约与统一的。

(3) 满足强度性能要求

土工织物必须具备一定的强度和抗蠕变性能,此外,土工织物还要具有抵抗集中荷载破坏的能力。

(4) 满足抗老化性能要求

为确保岸坡的长期稳定,土工织物滤层应具有较好的抗老化性能,即一般应具有与其相组合而成的护坡建筑物结构(如本工程的混凝土预制块等)相一致的设计使用寿命。

2) 土工布关键控制参数

土工布反滤层的选型根据国家标准《土工合成材料应用技术规范》(GB 50290—1998)(现行规范为2014版)和基坑土颗粒分析的试验结果而计算确定。

(1) 反滤保砂参数设计

$$O_{95} \leq Bd_{85} \tag{6-1}$$

式中:O_{95}——土工织物的等效孔径(mm);

d_{85}——土的特征粒径(mm),按土中大于该粒径土粒质量占土粒总质量的85%确定;

B——系数,取1~2,当土中的细颗粒含量大,为往复水流的情况,取最小值。

对于分析黏土,根据以往的土颗粒分析试验结果:$d_{85}=0.07$mm,可取B为1.5,$O_{95} \leq 0.105$mm。

(2) 透水性参数设计

$$k_g \geq Ak_s \tag{6-2}$$

式中:k_g——土工布的垂直渗透系数;

k_s——土的渗透系数,根据土工试验,砾质黏性土的平均渗透系数为4.5×10^{-5}cm/s;

A——系数,取值大于10。

所以要求的土工布垂直渗透系数$k_g \geq 5.0 \times 10^{-4}$cm/s。

(3) 防堵参数设计

以现场土料制成的试样和拟选土工织物在进行淤堵试验后,所得等效孔径应符合下式要求:

$$O_{95} \geq 3d_{15} \tag{6-3}$$

式中:d_{15}——土中小于该粒径的土质量占该土总质量的15%(mm)。

被保护土易管涌,具分散性,水力梯度高,流态复杂,$k_s \geq 10^{-5}$ cm/s 时,应以现场土料作试样和拟选土。土工织物进行淤堵试验,得到的梯度比 GR 应符合下式:

$$GR \leq 3 \tag{6-4}$$

当排水失效后损失巨大时,应以拟用的土工织物和现场土料进行室内淤堵试验,验证其防堵有效性。

(4)强度和抗老化性能参数设计

根据有关规范,土工布耐久性要满足 50 年的使用要求。土工布的强度和其他力学指标必须满足国家有关反滤层土工布的规定,具体数据列于表 6-1。

土工布强度性能要求　　　　　　表 6-1

项　　目	计 量 单 位	国 标 要 求	本设计要求
单位面积质量	g/m²	500	500
厚度	mm	≥3.4	≥3.4
抗拉强度(纵向)	kN/m²	25.0	25.0
抗拉强度(横向)	kN/m²	25.0	25.0
断裂伸长率(纵向)	%	40~80	40~80
断裂伸长率(横向)	%	40~80	40~80
梯形撕裂强度(纵向)	N	≥700	≥700
梯形撕裂强度(横向)	N	≥700	≥700
CBR 顶破强度	kN	≥4.7	≥4.7

6.2.2 塑料盲管的关键控制点

塑料盲管国际上称为复合土工排水体(GDS),又称三维排水板,土木工程用集排水暗渠材等,如图 6-4 所示。它是将热塑性合成树脂加热溶化后,通过喷嘴挤压出纤维丝叠置在一起,并将相接点熔结而成的三维立体多孔材料。塑料盲管具有如下的特点:

(1)塑料盲管材的组成纤维为 2mm 左右的丝条,相互接点熔结成型,呈立体网状体,其原理与钢结构造物的桁架原理相同。表面开孔率为 95%~97%,是有孔管的 5 倍以上,是树脂网格管的 3~4 倍,表面吸水率极高。

(2)由于是立体结构,其空隙率为 80%~95%,构成空间与管理同且轻便,抗压性能比管结构的树脂强 10 倍以上,因此,即使因超负荷被压,但由于是立体结构,故残余空隙也达 50% 以上,不存在不通水的问题,无需考虑会被土压力压坏。

(3)抗压强度大,250kPa 压力下,其压缩率低于 10%。

(4)加有抗老化剂,经久耐用,在水下、土中几十年也能确保稳定。

(5)抗压且柔韧,对于弯道等曲位也能施工,十分轻便,若回填深度在 10cm 左右,还可用推土机进行回填等。

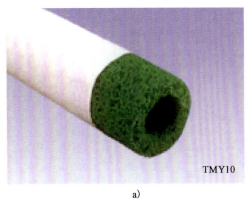

图 6-4　盲管样式

采用塑料盲管作为地下排水管在国际上已经是一项成熟的经验,许多国家都有自己的系列规格。国内开发较晚但发展速度较快,除了已经完成许多试验室内试验外,其已经在北京、天津、山东、新疆、上海的农田暗管排水三工程中得到应用。塑料盲管在泄水反滤层应用主要有如下 3 个关键控制参点。

(1) 塑料盲管自身的技术参数

塑料盲管自身技术参数,包括外形尺寸、中空尺寸、空隙率和抗压强度等,对泄水反滤层的泄水效果影响较大。例如中空尺寸、空隙率过小容易造成堵塞盲管;抗压强度过低容易造成施工和使用中盲管意外破裂,从而影响泄水的效果。根据研究表明,采用如表 6-2 所示的参数配置的盲管,既能保证反滤层泄水的效用,又能达到节省盲管材料、节约造价的目的。

盲 管 技 术 参 数　　表 6-2

盲管型号	MY100	MY200	MY300
外形尺寸(mm)	100	200	300
中空尺寸(mm)	60	130	220
单位长度质量(g/m)	1000	2500	5800
空隙率(%)	80	80	80

续上表

盲管型号		MY100	MY200	MY300
抗压强度 （kPa）	扁平率5%	65	45	45
	扁平率10%	110	65	75
	扁平率16%	160	90	85
	扁平率20%	220	120	100

（2）塑料盲管的平面布点

塑料盲管在砂石层布置的疏密程度在一定程度上也影响着泄水反滤层泄水的效果。如果盲管布置过疏，容易致使设计泄水效用无法满足，从而造成盲管堵塞、盲管开裂等不良现象；如果盲管布置过密，则会造成盲管材料浪费、工程成本上涨。因此合理的设置盲管平面布置点也是保证泄水反滤层有效工作的一项必不可少的控制措施。平面布点的设置可参考图6-5。

（3）塑料盲管的接头技术要求

泄水反滤层盲管接头的质量也是影响泄水效果的重要因素，接头处理不当容易造成盲管漏水，从而严重地影响盲管排水的效能。盲管接头样式可以分为2种：$D100$塑料盲管使用$D200$塑料盲管作为外包，$D200$塑料盲管使用$D300$塑料盲管作为外包；两种盲管接头空隙用土工布包裹，盲管样式和使用土工布技术要求如表6-3、图6-6和图6-7所示。

塑料盲管外包土工织物技术参数　　　　　表6-3

项　　目	计量单位	设计要求
单位面积质量	g/m²	300
厚度	mm	≥2.2
抗拉强度（纵向）	kN/m	15
抗拉强度（横向）	kN/m	15
断裂伸长率（纵向）	%	40~80
断裂伸长率（横向）	%	40~80
梯形撕裂强度（纵向）	N	≥420
梯形撕裂强度（横向）	N	≥420
CBR顶破强度	kN	≥2.6
垂直渗透系数	cm/s	$\geq 1.0 \times 10^{-3}$
等效孔径O_{95}	mm	≤0.07

6.2.3　施工要点和流程

1）施工要点

泄水反滤层采用基底泄水减压作为结构的抗浮措施，基底泄水系统结构组成为土工布

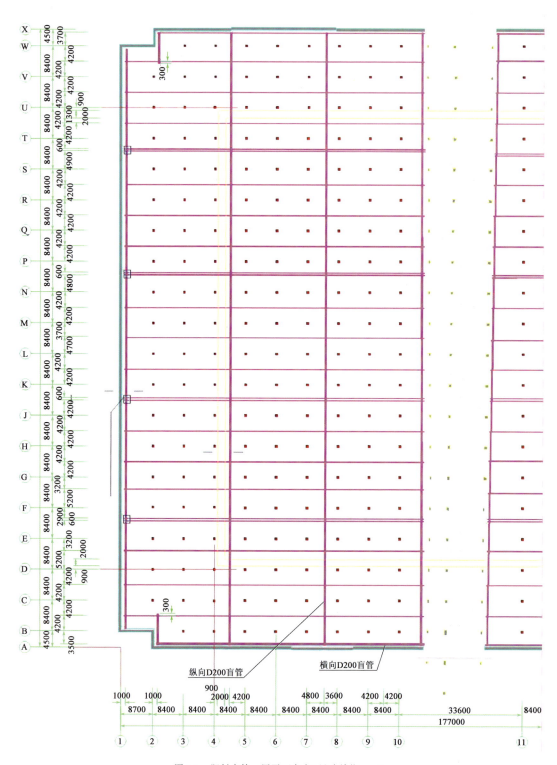

图6-5 塑料盲管一层平面布点(尺寸单位:mm)

+100mm 厚粗砂+400mm 厚碎石垫层,碎石垫层内沿结构纵横向布设塑料盲管,盲管布置于碎石垫层中部,碎石垫层顶与底板混凝土垫层间设置彩条布进行隔离。泄水反滤层构造如图6-8、图6-9所示。

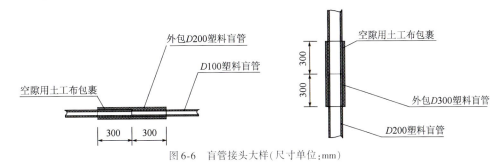

图6-6 盲管接头大样(尺寸单位:mm)

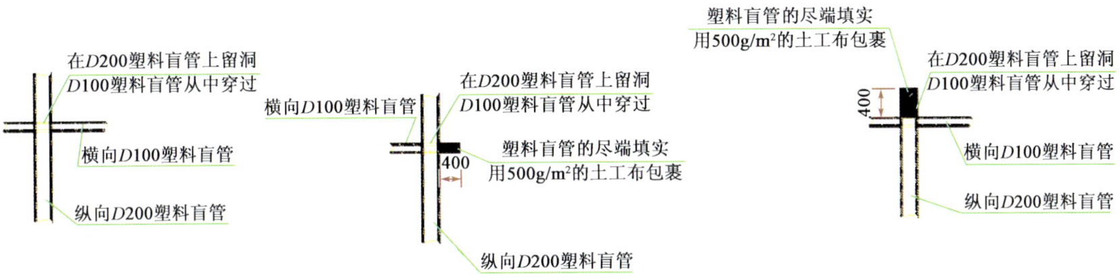

图6-7 透水盲管纵横接头示意图(尺寸单位:mm)

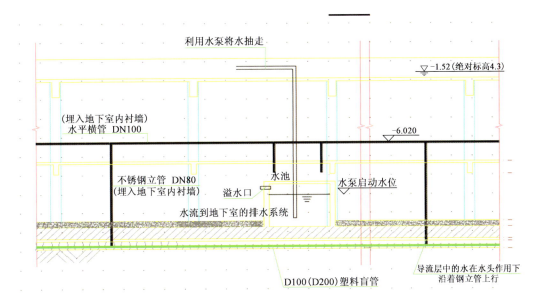

图6-8 泄水反滤层设计

施工要点涵盖土工布铺设施工、反滤砂层碎石层施工和纵横向塑料盲管安装施工3大工序,参照《土工合成材料应用技术规范》(GB 50290—1998)、《铁路路基土工合成材料应用技术规范》(TB 10118—2006)、《水运工程土工织物应用技术规程》(JTJ 239—2005)和《碾压式土石坝设计规范》(DL/T 5395—2007),总结如下主要施工要点。

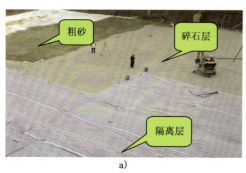
a)

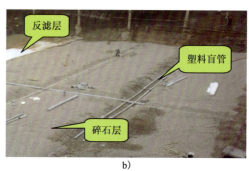
b)

图 6-9 泄水反滤层实际施工图

(1)土工布铺设施工要点

①在进行土工布铺设前,场地应平整,场地上的杂物应清除干净。

②土工织物宜加工成铺设的宽度宜为 4~8m,长度应按设计坡长加上一定的富裕量。

③土工织物的拼幅和接长应采用工业缝纫机缝制所用尼龙线的强度不得小于 150kN,其缝接方法宜采用包缝或丁缝。

④土工织物的搭接长度不宜小于 20cm。黏结宽度不应小于 10cm,连接面处不得加砂石等杂物。

⑤土工织物加工后宜用钢管作轴卷成卷材运往铺设地点。

⑥宜用绳索系住滚筒钢管两端,利用绞车或人力控制卷材向下滚铺两台绞车的速度应一致,防止织物铺斜。

⑦土工布与地下连续墙结合处按设计要求留置反边,必须满足反边尺寸并与连续墙固定紧密。

⑧塑料盲管外的土工织物应该包裹绑扎牢固,不应该出现脱落等现象。

(2)反滤砂层、碎石层施工要点

①铺反滤层前,应采用挖除法将基面整平,对个别低洼处,采用与基面相同的土料或第一层反滤料进行填平。

②铺筑时,应由底部向上逐层铺设,并保证层次清楚,互不混杂,不得从高处顺坡倾倒,以免发生填筑分离,对反滤层必须进行压实,在施工中应防止雨水冲泥等污染反滤料。

③对已铺好的反滤层进行必要的保护,禁止车辆、行人通行,防止土料混杂、污水侵入。

④反滤层接触的第一层堆石应仔细铺筑,其块径应符合设计要求,避免大块石集中。排水设施所用的石料必须质地坚硬、抗水性、抗冻性、抗压强度、几何尺寸均应满足设计要求。

⑤人工施工时,水平反滤层的最小厚度可采用 0.3m,垂直或者倾斜反滤层的最小厚度可采用 0.5m;采用机械施工时,最小厚度可以根据施工方法确定,如采用推土平料时,最小

水平宽度应该不小于3m。

(3)塑料盲管安装和垫层施工要点

①砂石填筑完毕后,测量定出盲管平面位置,并用小型挖掘机开挖盲管埋设沟槽。人工埋入盲管后,回填碎石,并压实平整。

②底板垫层浇筑在泄水反滤层施工并验收完成后进行,混凝土浇筑前,先在泄水反滤层上铺设隔离层,保证混凝土浆液不渗透到泄水反滤层内。

2)施工流程

参照《土工合成材料应用技术规范》(GB 50290—1998)中有关规范标准,结合泄水反滤层自身工艺特征,总结如图6-10所示的施工流程。

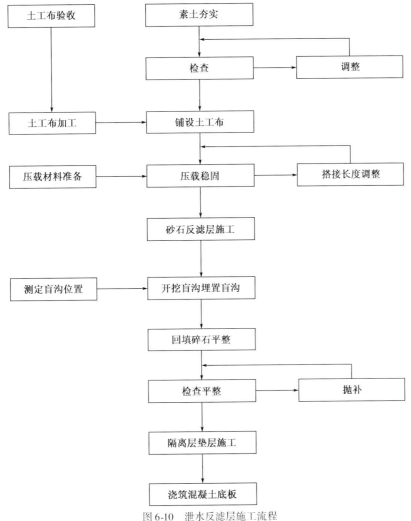

图6-10 泄水反滤层施工流程

3)施工过程

施工现场照片如图6-11所示。

a) 土工布的缝制

b) 土工布的搭接

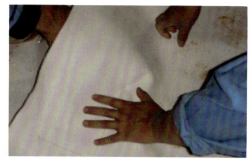
c) 盲管的搭接

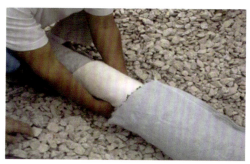
d) 盲管的埋设

e) 砂石滤层施工

f) 垫层施工

图 6-11 施工现场照片

6.3 机械设备

根据本工程施工进度和施工工艺的要求,机械设备计划投入情况如表 6-4 所示。

施工机械配置 表 6-4

设备名称	性能或型号	数量
挖掘机	PC2000	6 台
长臂挖掘机	—	2 台
自卸翻斗车	20t	20 辆

6.4 质量保证措施

(1)反滤层

①碎石垫层材料的规格和质量按设计要求和规范规定控制。

②碎石垫层施工的分段接茬处理按规范规定处理。

③碎石垫层铺设后及时进行检测评定,符合要求后及时进行下道工序施工,尽量缩短暴露时间以防破坏。

④反滤层施工质量检验标准允许偏差满足表6-5的要求。

反滤层施工允许偏差　　　　　　　　表6-5

序号	项目	允许偏差(mm)		检验单元和数量	单元测点	检验方法
		陆上	水上			
1	反滤层分层厚度	+50 -0	+100 -0	每一断面 (5~10m一个断面)	1~2m一个点	拉线尺量或用测深水砣检查
2	混合滤层厚度	+100 -0	+200 -0			

(2)土工布

①土工布的品种、规格和质量必须符合设计要求。

②土工布拼制接缝形式为包缝,缝合强度不得小于原织物的70%。

③缝制用的土工布不应有破损,破损处应修补后再用于缝制。

④土工布按设计要求进行铺设,铺设方向为土工布经线与整平基线垂直。

⑤土工布若出现破损或空洞,应及时修补。

6.5 施工安全措施

(1)特种作业人员(场内车辆及机械驾驶员等)须经过政府有关部门培训、考核,取得资格证书后持证上岗,并按规定参加复审验证。

(2)到工地参观的人员,必须经过项目部安全部进行工地概况和参观安全注意事项的安全教育与交底后登记,项目部把到现场必须的安全防护用品(如安全帽、工作鞋等)借给参观人员,然后统一安排集体进入现场参观。

(3)施工现场危险地段设限速标志,各种车辆、机械在施工场地行驶速度不得超过10km/h,交通频繁的交叉路口应设指挥,载重汽车的弯度半径一般不少于15m。

(4)交叉作业要有专人指挥。

(5)未经施工负责人批准,不准任意拆除现场安全装置、安全标志和警示牌。

(6)爱护和正确使用各种机械设备、设施,加强维修保养和安全防护,信号、保险等装置齐全、灵敏可靠,机械车辆不超负荷使用。

(7)夜间施工,通道和施工场所应有足够的灯光照明。

(8)严禁在施工现场和生活区燃放烟花、鞭炮。

(9)动力机械如内燃机马达等,应建安全日志,使用人员每次使用时,应将运转间、发动情况,运转情况详记于档案本上,以备检查。定期保养,集中精力注意机械声、仪表,若有不正常现象,应立即停工并排除。

(10)机械设备和设施特殊工种的操作手必须要有有效的操作执照/资质。

(11)施工现场使用的机械设备和设施,应可能合理地保持低噪声和低振动水平。

(12)除制造厂商提供的操作手座椅和助手座椅外,机械设备的其他部位严禁人员乘坐、骑坐。

(13)机械设备加油、加水必须先停机,严禁给正在运转的机械设备加油、加水、维护。

(14)每周向主管部门提供设备检查单,设备有任何问题,班组长要向上级及时报告。

(15)柴油设备使用安全规定。

(16)保持燃油和润滑油的清洁,一切装油工具如油桶、油轴、皮管等经常保持洁净,加油时再检查油料内有无水分和什物的障碍。

(17)保持机器及全部零件的清洁,不得用污纱头或破布抹拭机器及零件,尤其在吸口及加油防止纱头什物吸进和油落进轴箱;不能用有绒毛的朽腐的布拭揩,以免油痕堵塞。

(18)保持各传动部分,有正常的润滑及润滑油压力的正常。

(19)保持机器的旋转正常,油水及排气的正常。停工时应用油布盖好机器。

(20)保持空气管、水管、滑油管、燃油管的各种接头没有松动或泄漏。

(21)凡因检查故障拆卸机件,在安装前注意有无工具及什物遗留在机内。

(22)机器如长久不用准备储存,必须加以完善及保养,避免各机件生锈。

(23)施工现场按总平面图设置行人、车辆通行道路,其宽度双平道不小于10m,单车道不小于3.5m,道路上设置各种行车安全标志。

(24)司机和设备作业手必须持有有效的驾驶执照,驾驶执照必须与其驾驶或操作的设备、车辆类型相一致。

(25)车辆倒车时,要有助手在后面指挥。

(26)每天开始工作前,驾驶员和操作手应预先检查分派给他们的车辆。

(27)停车时驾驶员和操作手应确保:关闭发动机、拉上手刹,车挡位为空挡,拨下点火钥匙(当停车在施工现场除外)等。

(28)开车前,必须进行日常检查,确保:燃料充足、机油液位正确、冷却水(液)液位正确、蓄电池电解液液正确,轮胎状况良好、气压正确、刹车、离合器方向盘正常等。

(29)发动时检查发动机、仪表是否正常;冷动泵、燃料泵、润滑泵、制动泵有无漏水、漏气、漏油等现象。

6.6 施 工 照 片

施工照片见图6-12～图6-16。

图6-12　传统抗拔桩施工

图6-13　环板支撑体系保护下的底板倒滤层施工远景

图 6-14　泄水盲沟

图 6-15　环板支撑体系保护下的底板倒滤层施工近景

图 6-16　底板盲沟材料

第7章 控制泄排水抗浮风险管理研究

随着我国城市化的快速发展,城市地下空间的开发利用在节约土地资源、调节城市土地使用结构、城市现代化基础设施建设、防灾救灾和国防建设等方面将发挥越来越重要的作用。可以说,没有城市地下空间的有效开发利用,就没有城市的可持续发展。可是,这同时也带来大规模的基坑工程问题,如基坑工程工期长、技术要求高、施工难度大、现场施工条件与环境复杂、对环境影响控制要求高等特点,使基坑工程在全寿命周期过程中不可避免地会受到各种不确定因素的干扰,并引发其进度、质量和费用等控制目标不能实现的风险工程事故。而工程项目风险管理是工程项目管理班子通过对风险的识别、评估分析、应对和监控,以最小代价,在最大程度上实现项目目标的科学和技术。因此,应用风险分析理论对基坑工程进行风险分析是减少基坑工程事故发生率以及灾害损失的一个有效途径。

7.1 研究背景和主要内容

7.1.1 国内外研究状况

(1)国外状况

国外在基坑工程项目的风险管理方面,尽管基坑项目风险的研究发展比较快,但至今仍没有处理工程项目风险的系统方法。为此,国外许多学者一直在试图取得突破性研究成果。1985年Rerry和Hayes基于建设项目的主要风险源并按承包商、业主和咨询方各自应承担的风险列出了内容广泛的风险因素。Cooper和Chapmem按着风险的特性将风险分为技术风险与非技术风险。1985年Perry与Hayes,1999年Mustafa与AL-Bahar分析了建设项目的核心风险。1996年Wirbaetal将Tahetal和Cooper、Chapmen的研究成果进行了综合,并按研究的方法对风险进行了分类。1999年Tah和Carr在前人方法的基础上发展的评估模型,用于建设项目风险的定性分析。

(2)国内状况

在基坑工程风险方面,国内的研究也较少。唐业清、曾宪明对基坑工程事故进行了详细的调查,总结分析了基坑工程事故的原因;黄宏伟、边亦海等对基坑工程施工风险分析进行了研究,涉及了施工风险管理的各方面;李惠强用FTA方法编制了某基坑工程边坡开挖的事故树,用布尔代数法计算了边坡的失效概率;杨子胜、张锦萍等针对基坑工程特点和存在的问题,对基坑工程项目进行了风险源的分析并提出了基坑工程项目风险管理研究的过程。

7.1.2 研究主要内容

本章节主要以概率论和模糊系统等研究不确定现象的理论为基础,以地下工程项目风险系统的专门知识为支撑,以风险分析和风险管理为主要内容,对深圳益田控制泄排水抗浮项目施工前、施工中以及运营期三个阶段中的风险进行评估和分析,从而达到以降低风险、间接创造效益为研究目标的综合性研究,主要的研究技术路线如图7-1所示。

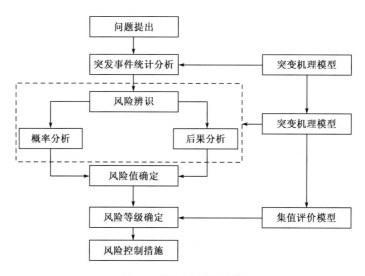

图7-1 研究主要技术路线

7.2 基坑工程风险管理概论

7.2.1 基坑风险理论概述

1) 基坑风险的概念

风险的基本含义是指未来结果的不确定性,在最一般的情况下,可以将风险看作是实际结果与预期结果之间的偏离。由于各个领域对风险所关注的重点不同,所以关于风险的定义也各不相同,对于各个领域的学者,还没有适用于他们各个领域的一致公认的定义。关于风险的含义,概括起来主要有以下几种:风险是损失的可能性,风险是导致损失产生的不确定性,风险是损失的概率,风险是潜在损失,风险是潜在损失的变化范围与幅度,风险是财产损失与人员也缺乏一致性。但是,所有的定义都有两个共同点:不确定性和损失。不确定性可以分为客观的不确定性和主观的不确定性。客观的不确定性是实际结果与预期结果的离差,主观的不确定性是个人对客观风险的评估。事实上,风险和损失是完全独立的两个概念,现实中有无风险和有无损失这四种组合都是可以存在的,即有风险有损失、有风险无损失、无风险有损失、无风险无损失。

2)基坑风险的特点

基坑工程项目是项目在工程建设领域的特殊形式。它作为建设项目的一个子项目,具有一般建设项目的特点,即在一定的建设时期内,在有限的资源条件下,需要在预定的时间内达到要求的规模和质量标准的一次性任务。它以形成固定资产为目的,有明确的项目建设规模、质量标准及使用周期,人、财、物的使用上都有明确的限制,通常由建安工程、设备、技术改造活动以及与此相联系的其他工作组成。但基坑工程项目作为建设项目中一个独特的子项目,它又有其自身的特殊性,即有独立的设计、施工、组织。因此基坑项目除了具有和建设项目相同的特征外,也具有自身的一些特点。

(1)区域性强

不同的工程地质和水文地质条件,基坑工程差异性很大,即使是同一城市不同区域也有差异。岩土性质千变万化,地质埋藏条件和水文地质条件的复杂性、不均匀性,往往就容易造成勘察所得的数据离散性很大,难以代表土层的总体情况,并且精确度很低。因此,深基坑开挖要因地制宜,根据本地具体情况,具体问题具体分析,而不能简单地完全照搬外地的经验。

(2)具有较强的时空效应

基坑的深度和平面形状,对基坑的稳定性和变形有较大影响。土体,特别是软黏土,具有较强的蠕变性。作用在支护结构上的土压力随时间变化,蠕变将使土体强度降低,使土坡稳定性减小,故基坑开挖时应注意其时空效应。

(3)环境效应强

基坑工程的开挖,必将引起周围地基中地下水位变化和应力场的改变,导致周围地基土体的变形,对相邻建筑物、构筑物及市政地下管网产生影响,影响严重的将危及相邻建筑物、构筑物及市政地下管网的安全与正常使用。大量土方运输也对交通产生影响。所以应注意其环境效应。

(4)风险较大

基坑工程是个临时工程,技术复杂,涉及范围广,安全储备相对较小;并且基坑工程施工周期长,从开挖到完成地面以下的全部隐蔽工程,常常经历多次降雨、周边堆载、振动等许多不利条件,安全度的随机性较大,事故也往往具有突发性。

3)基坑风险发生的机理

构成风险的主要要素包括风险因素、风险事件和风险损失三个方面。风险因素又称为风险条件,是风险因素综合作用的结果,是产生风险损失的原因,也就是说,风险事件是指风险可能变成了现实,以致引起损失的后果。风险损失包括直接损失和间接损失两种形态,是指非预期的、非计划的、非故意的利益的减少,可以通过使用货币来衡量这种减少。一般而言,风险为因,损失为果。风险因素引起风险事件,风险事件导致风险损失;风险因素、风险事件、风险损失三位一体构成了风险存在与否的基本条件,如图 7-2 所示。

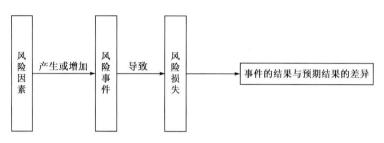

图 7-2 风险条件

基坑工程建设投资较大、施工周期长、工艺复杂,而且施工周围的环境往往比较复杂,施工所需的设备以及建筑材料繁多,所涉及的专业工种与人员众多。因此,在其建设期易发生风险事故,其机理如图 7-3 所示。

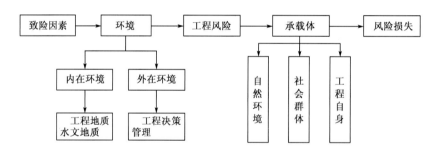

图 7-3 基坑风险机理

7.2.2 基坑工程风险管理流程

基坑工程风险分析的内容包括风险识别、风险评估和风险控制。风险辨识主要是对地下工程的不确定因素及其破坏机理进行辨识。在风险辨识阶段,为了尽量消除主观性因素,保证辨识的准确性、完整性和系统性,需要确保数据的准确性和分析的科学性。风险评估是运用概率论的知识,定量地分析风险的不确定性以评价其影响程度的过程。风险控制主要是提供超前预报,通过结合动态施工信息,依托地理信息系统、网络技术等新技术,从而建设数字动态减灾系统,提出安全对策,建立应急预案,从而有效地实现防控,最大限度地减少损失。基坑工程风险分析的基本内容如图 7-4 所示。

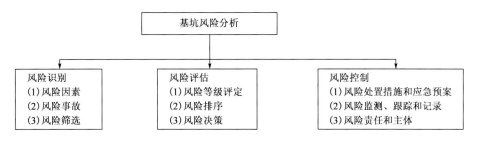

图 7-4　基坑风险分析基本内容

(1) 基坑风险识别

风险识别(又称为风险辨识)是发现、识别系统中存在的危险源,并进行分类、建立适合的风险指标体系的工作,是风险评估的基础,也是风险分析中非常重要的步骤,这同时是隧道施工风险管理的第一步,是对项目所面临的和潜在的风险加以分析、判断、归类的过程。基坑工程风险识别包括确定风险事件和描述风险事件的特征。主要包括收集资料、确定风险事件、编制风险识别报告等过程。

风险识别的方法有检查表法、流程图法(因果分析法)、头脑风暴法、专家调查法、情景分析法、德尔菲法、SWOT法、系统分析法、敏感性分析法、WBS法、实验法、层次分析法和经验判断法等等。

(2) 基坑风险评价

风险评价是对项目风险进行综合分析,并依据风险对项目目标的影响程度进行项目风险分级排序的过程。它是在项目风险规划、识别和估计的基础上,通过建立项目风险的系统评价模型,对项目风险因素影响进行综合分析,并估算出各风险发生的概率及其可能导致的损失大小,从而找到该项目的关键风险,确定项目的整体风险水平,为如何处置这些风险提供科学依据,以保障项目的顺利进行。

风险评价过程活动是依据项目目标和评价标准,将识别和估计结果进行系统分析,明确项目风险之间的因果联系,确定项目风险整体水平和风险等级等。风险的评价过程活动主要有以下内容:

①系统研究项目风险背景信息。

②确定风险评价基准。风险评价基准是针对项目主体每一种风险后果确定的可接受水平。

③使用风险评价方法确定项目整体风险水平。项目风险整体水平是综合了所有单个风险之后确定的。

④使用风险评价工具挖掘项目各风险因素之间的因果联系,确定关键因素。

⑤作出项目风险的综合评价,确定项目风险状态及风险管理策略。

基坑工程项目风险评价方法一般可分为定性、定量、定性与定量相结合三类,有效的项目目风险评价方法一般采用定性与定量相结合的系统方法。对项目进行风险评价的方法很多,常用的有主观评分法、决策树法、层次分析法、模糊综合评价、故障树分析法和蒙特卡罗分析法等。

(3)基坑风险控制

风险控制是基坑工程项目风险管理者对项目存在的种种风险和潜在损失有了一定的把握,在此基础上,在众多的风险应对策略中,选择行之有效的策略,并寻求与之对应的既符合实际,又会有明显效果的具体应对措施,力图使风险转化为有利机会或使风险所造成的负面效应降低到最低的程度。风险控制分为风险应对和风险监控两部分。

风险应对就是对项目风险提出处置意见和办法。通过对项目风险因素分析和评价,找出项目发生各种风险可能性及其危害程度,与公认的安全指标相比较,在确定项目的危险等级后,决定应采取什么样的措施来控制风险。风险应对策略一般可以包括以下几种类型:减轻风险;预防风险;回避风险;分散风险;转移风险;接受风险;储存风险。

风险监控是监视项目的进展和项目环境,即项目变数的变化。其目的是核对这些策略和措施的实际效果是否与预见的相同;寻找机会改善和细化风险规避计划;获取反馈信息,以便将来的决策更符合实际。实质就是根据项目进展情况,按照预先制定的策略或措施,对那些新出现的以及随着时间的推移而发生变化的风险重新分析、评价。风险监控的方法一般包括审核检查法、监视单、费用偏差分析法和风险图表表示法等。

7.3 益田中心广场地下停车库建设全过程风险管理

益田中心广场地下停车库风险全过程风险管理在将风险划分为环境风险和自身风险的前提下,以概率论和模糊系统等研究不确定现象的理论为基础,以地下工程项目风险系统的专门知识为支撑,以风险分析和风险管理为主要内容,对本项目施工和运营过程进行风险的识别、评估和控制。本章节主要从两个方面进行研究。

(1)使用熵权法从宏观上评价益田项目的整体风险。

(2)针对整体风险中基坑施工过程的管涌问题和运行过程中的泄水失效问题,采用故障树重点识别和评价风险。

环境风险和自身风险全过程管理流程如图 7-5 所示。

7.3.1 益田中心广场地下停车场风险识别

基坑工程的施工环境和条件较地面工程要复杂得多,而且环境也比较恶劣,存在很多不

第7章 控制泄排水抗浮风险管理研究

确定的风险,因此其危险性也比较高。基坑工程的风险识别主要是对与工程项目相关的各种已经存在的以及潜在的风险进行系统的分类和全面的识别,风险识别是风险评价的前提和重要基础,本项目识别风险的过程主要分为图7-6所示的四个部分。

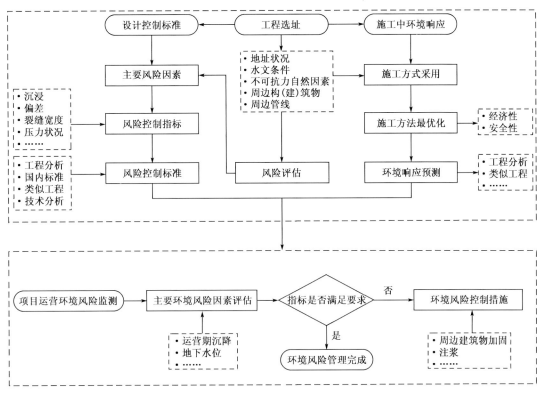

图7-5 环境风险施工和项目运营过程中管理流程

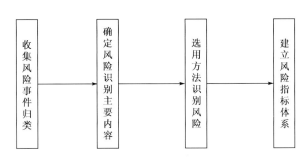

图7-6 益田车站风险识别流程

根据本项目已收集到的风险事件分类和参考相关文献资料,可确定风险识别的主要内容涵盖以下四个方面:环境、技术、管理和施工。主要参考的文献资料包括:

(1)周边水文地质、工程地质、自然环境及人文、社会区域环境资料。

(2)已建线路的相关工程建设风险或事故资料,类似工程建设风险资料。

(3)工程周边构建物、管线、民防措施等相关资料。

(4) 工程既有轨道交通及其他地下建筑工程资料。

7.3.2 基于熵的模糊风险的整体评价

1) 风险指标的建立

基坑下工程的复杂性使得地下工程风险评价指标体系的构造成为一个非常复杂的问题,它涉及政治、经济、技术、地质等诸多方面的复杂因素。因此,为了使构造的指标体系能更加全面地反映地下工程风险的本质特征,做到科学、合理且符合实际情况,在构造基坑工程项目风险评价指标体系时,应遵循几条基本原则:系统、全面原则;科学性原则;独立性原则;结构层次原则;可操作性原则;动态性原则基于本项目的特点,建立如图7-7～图7-11所示的风险体系。由于环境风险在施工中和项目运营期未发生明显的变化,故在施工中和运营期使用同一个风险指标。自身风险可以划分为管理、技术和施工三个方面。

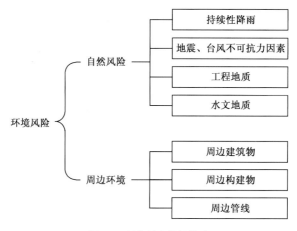

图 7-7 环境风险指标体系

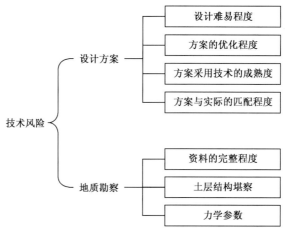

图 7-8 技术风险指标体系

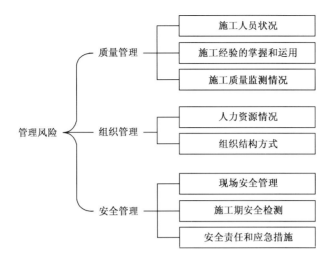

图 7-9　管理风险指标体系

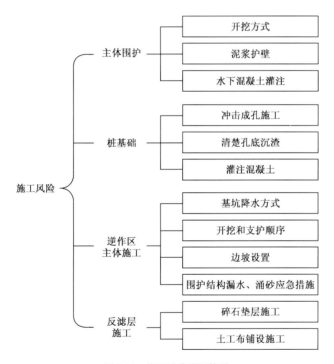

图 7-10　施工风险指标体系

(1) 环境风险在施工和运营过程中的指标体系

(2) 自身风险在施工过程中的指标体系

(3) 自身风险在营运过程中的指标体系

2) 基于熵的多级模糊综合评价方法综述

(1) 模糊数学

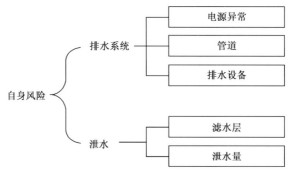

图 7-11 自身风险指标体系

模糊数学是美国加利福尼亚大学的 L. A. Zadeh 教授于 1965 年提出来的。50 年来,模糊数学得到了迅速的发展,已被广泛应用于自然科学、社会科学和管理科学的各个领域,其有效性已得到了充分的验证。模糊数学的优势在于它为现实世界中普遍存在的模糊、不清晰的问题提供了一种充分的概念化结构,并以数学的语言去分析和解决它们。它特别适合用于处理那些模糊、难以定义的并难以用数字描述而易于用语言描述的变量。工程项目中潜在的各种风险因素,很大一部分虽然难以用数字来准确地加以定量描述,但都可以利用历史经验或专家知识,用语言生动地描述出它们的性质及其可能的影响结果。现有的绝大多数分析模型都是基于需要数字的定量技术,而与风险分析相关的大部分信息却是难以用数字表示的,却易于用文字或句子来描述,这种性质最适合与采用模糊数学解决问题。

采用模糊综合评价法进行风险评价的基本思路是综合考虑所有风险因素的影响程度,并设置权重区别各因素的重要性,通过构建数学模型,推算出风险的各种可能程度,其中的可能性程度高者为风险水平的最终确定值。

(2) 多级模糊综合评价

对于一些复杂的系统,需要考虑的因素很多,这时会出现两方面的问题:一方面是因素过多,对它们的权数分配难于确定;另一方面,即使确定了权数分配,由于需要归一化条件,每个因素的权值都很小,再经过 Zadeh 算子综合评判,常会出现没有价值的结果。针对这种情况,需要采用多级(层次)模糊综合评判的方法。按照因素或指标的情况,将它们分为若干层次,先进行低层次各因素的综合评价,其评价结果再进行高一层次的综合评价。每一层次的单因素评价都是低一层次的多因素综合评价,如此,从低层向高层逐层进行。

(3) 熵权

熵源于 19 世纪经典热力学,是一个极其重要的物理量,但又以其抽象隐晦、难于理解而著称,爱因斯坦曾称"熵理论,对于整个科学来说是第一法则",熵经历了 140 年的发展历程,尤其近 50 年,发展更为迅猛。从 20 世纪 40 年代的信息熵,20 世纪 50 年代为解决混沌现象的遍历理论经典问题而引入 Kolmogorovs 熵、模糊熵、物理场熵、传递熵、相对熵等,可以看出,熵是个内涵和外延极其丰富的概念,目前有数十种对熵的诠释,而熵在现代动力学、遍历理论、自然科学、社会科学、管理科学和决策论、气象学和水利学中都有应用,其涉及的研究领域之广泛是始料未及的,特别是在不确性问题方面的深入探讨是前所未有的。

按照熵理论的思想,人们在评价过程中获得信息的多少和质量,是评价精度和大小的决定性因素之一。而模糊综合评价,就是对许多因素所影响的事物或现象做出总的客观评价,即对评价的对象全体,根据条件给每一个对象赋予一个评价指标。如果把两种理论进行结合,需要考虑以下几个方面:

①项目是个复杂系统,进行风险评价需要考虑的因素很多,其权重分配就是一个棘手的问题。

②对于已分配好了权重系数,要求满足归一化条件,这样每一个权重数就较小。

③权重系数带有很大的主观色彩,要使其更具科学性,还需考虑一些客观量化方法来补救。而熵的思想应用于这种有着专家主观色彩的权重分配是一个较为理想的矫正尺度。

3)基于熵的多级模糊综合评价方法步骤

(1)确定评价矩阵

由专家就各因素进行评议,取评语(等级)域 X = (严重、较高、一般、较低、轻微)一组,于是对每个因素的评议结果都是 Y 上的一个模糊子集,构成模糊集,组成 Y 到 X 上的模糊关系,构成评议矩阵。同样,可以得到其他评议矩阵,从而确定风险评价因素集和评语集 V_p、U_p,根据专家对所提供的因素集和评语集对风险进行评价,得到项目风险的模糊评价矩阵 R_p。

(2)确定权重

考虑和确定各个项目在总体评价中的作用,对其做出价值判断,这就需要确定其在总体中的权重,实行加权计值,按评判目标在因素集上选取一个模糊集 $A = (a_1, a_2, \cdots, a_n)$,确定因素集 U_p 通过专家咨询,可以得到权重分配数。同时利用熵权理论,对主观权重进行修正。设 W_{ij} 是第 i 个专家给第 j 类风险因素的重要程度所打的分数,则每一类风险在项目风险中的权重为 $W'_p = \sum W_{ij} (i = 1, 2, m)$,经过熵处理后得到熵权 W_p。

(3)综合评价

确定评语集中各评语对应的值,$\max = (B_{111}, B_{112}, \cdots B_{115}) = B_{11i}$,对应相对的评语等级。同样,可算出各风险等级的大小和偏向,进而得到项目的综合风险量。

(4)风险决策

在得到基坑工程项目主要风险因素及其风险值之后,要对各个风险因素的风险水平进行定级评价,然后根据其风险水平,做出相应的处理措施。在对待基坑工程的风险上,并不是风险越小越好。因为减少风险是以资金的投入作为代价的。通常的做法就是把风险限定在一个可接受的水平上,然后研究影响风险的各种因素,再经过优化,找出最佳的解决办法。

4)益田中心广场地下停车场施工期风险评价过程

(1) 评议矩阵确定

在确定评议矩阵前,先由层次分析法确定各三级风险因素对上一级风险指标的权重值,主要步骤如下(以自然风险为例)。

第一步:结合专家咨询情况构造自然风险下的四个子风险因素的判断矩阵,该判断矩阵是表示本层所有因素对上一层指标的相对重要性的比较,见表7-1。

三级风险因素(自然风险)相对重要性比较　　　　　　　　　　表7-1

风险因素	持续性降雨	不可抗力因素	工 程 地 质	水 文 地 质
持续性降雨	1	5	1/3	1/2
不可抗力因素	3	1	1/8	1/7
工程地质	3	8	1	2
水文地质	2	7	1/2	1

用 a_{ij} 表示第 i 行因素与第 j 列因素对上一层指标的相对重要程度,具体含义如表7-2所示。

判断矩阵各标度含义　　　　　　　　　　表7-2

标度	含　　义
1	表示两个因素相比,具有同样的重要性
3	表示两个因素相比,一个因素比另一个因素稍微重要
5	表示两个因素相比,一个因素比另一个因素明显重要
7	表示两个因素相比,一个因素比另一个因素强烈重要
9	表示两个因素相比,一个因素比另一个因素极端重要
2、4、6、8	上述两相邻判断的中值
倒数	因素 i 与 j 比较的判断 a_{ij},则因素 j 与 i 比较的判断 $a_{ji}=1/a_{ij}$

第二步:对上述各因素进行层次单排序以及一致性检验。通过对上述判断矩阵求最大特征根 $\lambda_{\max}$ 及其对应的特征向量(归一化)ω,向量 ω 即为该层中各因素对上一层因素相对重要性的排序权值,最后再进行一致性检验来判断该排序权值是否合理。

判断矩阵
$$A = \begin{bmatrix} 1 & 5 & 1/3 & 1/2 \\ 1/5 & 1 & 1/8 & 1/7 \\ 3 & 8 & 1 & 2 \\ 2 & 7 & 1/2 & 1 \end{bmatrix}$$

将上述判断矩阵 A 列归一化得到如下矩阵:

$$\begin{bmatrix} 0.1613 & 0.2381 & 0.1702 & 0.1373 \\ 0.0322 & 0.0476 & 0.0638 & 0.0392 \\ 0.4839 & 0.3810 & 0.5107 & 0.5490 \\ 0.3226 & 0.3333 & 0.2553 & 0.2745 \end{bmatrix}$$

对归一化后的矩阵求行和并归一化得到：

$$\boldsymbol{\omega} = \begin{pmatrix} 0.1767 \\ 0.0457 \\ 0.4811 \\ 0.2965 \end{pmatrix}$$

$\boldsymbol{\omega}$ 中各元素即分别表示持续性降雨、不可抗力、工程地质、水文地质四个因素对于自然风险指标的相对权重。再由 $\boldsymbol{A\omega} = \lambda\boldsymbol{\omega}$ 可近似得到：

$$\lambda_{\max} = \frac{\frac{0.7140}{0.1767} + \frac{0.1836}{0.0457} + \frac{1.9700}{0.4811} + \frac{1.2105}{0.2965}}{4} = 4.0581$$

下面对该权重分配进行一致性检验。定义一致性指标：$CI = \frac{\lambda - n}{n - 1}$，其中当 $CI = 0$ 时则有完全的一致性，当 CI 接近于 0 时则有满意的一致性，CI 越大则不一致性越严重。

为了衡量 CI 的大小，引入随机一致性指标 RI，其取值如表 7-3 所示。

随机一致性指标 RI　　　　　表 7-3

n	1	2	3	4	5	6	7	8	9
RI	0	0	0.58	0.90	1.12	1.24	1.32	1.41	1.45

定义一致性比率：$CR = \frac{CI}{RI}$。一般地，当一致性比率 $CR < 0.1$ 时，认为 $\boldsymbol{A}$ 的不一致程度在允许范围内，有满意的一致性，通过一致性检验，即可用其归一化后的特征向量作为权向量，否则要重新构造判断矩阵。

由上述计算可得自然风险指标的权向量一致性指标 $CI = 0.0194$，其随机一致性指标 $RI = 0.90$，因此其一致性比率 $CR = 0.0216 < 0.1$，即通过一致性检验。

最终通过该方法可得到各二级风险指标的权向量及相应的一致性检验结果，如表 7-4 ~ 表 7-7 所示。

环境风险权向量及一致性检验结果　　　　　表 7-4

评判因素集				一致性检验	
一级	二级	三级	加权系数	$\lambda_{\max}$	CR
环境风险 $\boldsymbol{R}_1$	自然风险 $\boldsymbol{R}_{11}$ 0.6	$\boldsymbol{R}_{111}$	0.1767	4.0581	0.0216
		$\boldsymbol{R}_{112}$	0.0457		
		$\boldsymbol{R}_{113}$	0.4811		
		$\boldsymbol{R}_{114}$	0.2965		
	周边环境 $\boldsymbol{R}_{12}$ 0.4	$\boldsymbol{R}_{121}$	0.0768	3.0445	0.0384
		$\boldsymbol{R}_{122}$	0.1863		
		$\boldsymbol{R}_{123}$	0.7369		

技术风险权向量及一致性检验结果 表 7-5

评判因素集				一致性检验	
一级	二级	三级	加权系数	λ_{max}	CR
技术风险 R_2	设计方案 R_{21} 0.6	R_{211}	0.2840	4.0514	0.0190
		R_{212}	0.0737		
		R_{213}	0.1715		
		R_{214}	0.4708		
	地质勘察 R_{22} 0.4	R_{221}	0.1222	3.0037	0.0032
		R_{222}	0.6479		
		R_{323}	0.2299		

管理风险权向量及一致性检验结果 表 7-6

评判因素集				一致性检验	
一级	CR	三级	加权系数	λ_{max}	CR
管理风险 R_3	质量管理 R_{31} 0.4	R_{311}	0.25	3	0
		R_{312}	0.25		
		R_{313}	0.5		
	组织管理 R_{32} 0.2	R_{321}	0.3333	2	0
		R_{322}	0.6667		
	安全管理 R_{33} 0.4	R_{331}	0.7671	3.0184	0.0159
		R_{332}	0.1481		
		R_{333}	0.0848		

施工风险权向量及一致性检验结果 表 7-7

评判因素集				一致性检验	
一级	二级	三级	加权系数	λ_{max}	CR
施工风险 R_4	主体维护 R_{41} 0.2	R_{411}	0.1935	3.0092	0.0025
		R_{412}	0.1066		
		R_{413}	0.6999		
	反滤层施工 R_{42} 0.1	R_{421}	0.3333	2	0
		R_{422}	0.6667		
	桩基础 R_{43} 0.2	R_{431}	0.0753	3.0373	0.0321
		R_{432}	0.1244		
		R_{433}	0.8003		
	逆作区施工 R_{44} 0.5	R_{441}	0.2947	4.0924	0.0340
		R_{442}	0.1880		
		R_{443}	0.4786		
		R_{444}	0.0387		

在得到各风险因素的加权系数后,由专家就各因素进行评议,取评语(等级)域:X = (严重、较高、一般、较低、轻微)一组,于是对每个因素的评议结果都是 Y 上的一个模糊子集,构成模糊集,组成 Y 到 X 上的模糊关系,构成评议矩阵。有 10 位专家进行上述评议,评议结果见表 7-8 ~ 表 7-11 所示。这里采用等级比法确定隶属度,即某一评议占所有专家评议数的百分比。

环境风险评议矩阵　　　　　　　　　　　　　　　　　表 7-8

评判因素集				专家评判意见				
一级	二级	三级	加权系数	严重	较高	一般	较小	轻微
环境风险 R_1	自然风险 R_{11} 0.6	R_{111}	0.1767	0.4	0.3	0.2	0.1	0
		R_{112}	0.0457	0	0.3	0.4	0.2	0.1
		R_{113}	0.4811	0.4	0.5	0.1	0	0
		R_{114}	0.2965	0.5	0.2	0.3	0	0
	周边环境 R_{12} 0.4	R_{121}	0.0768	0	0	0.7	0.3	0
		R_{122}	0.1863	0.1	0.4	0.2	0.1	0.2
		R_{123}	0.7369	0.3	0.5			

技术风险评议矩阵　　　　　　　　　　　　　　　　　表 7-9

评判因素集				专家评判意见				
一级	二级	三级	加权系数	严重	较高	一般	较小	轻微
技术风险 R_2	设计方案 R_{21} 0.6	R_{211}	0.2840	0.5	0.2	0.3	0	0
		R_{212}	0.0737	0	0.3	0.4	0.2	0.1
		R_{213}	0.1715	0.4	0.3	0.2	0.1	0
		R_{214}	0.4708	0.4	0.5	0.1	0	0
	地质勘察 R_{22} 0.4	R_{221}	0.1222	0.1	0.5	0.4	0	0
		R_{222}	0.6479	0.2	0.7	0.1	0	0
		R_{323}	0.2299	0.3	0.3	0.4	0	0

管理风险评议矩阵　　　　　　　　　　　　　　　　　表 7-10

评判因素集				专家评判意见				
一级	二级	三级	加权系数	严重	较高	一般	较小	轻微
管理风险 R_3	质量管理 R_{31} 0.4	R_{311}	0.25	0	0.1	0.6	0.2	0.1
		R_{312}	0.25	0.1	0.1	0.4	0.2	0.2
		R_{313}	0.5	0	0.2	0.5	0.2	0.1
	组织管理 R_{32} 0.2	R_{321}	0.3333	0	0.6	0.2	0.1	0.1
		R_{322}	0.6667	0.2	0.5	0.1	0.1	0.1
	安全管理 R_{33} 0.4	R_{331}	0.7671	0.4	0.5	0.1	0	0
		R_{332}	0.1481	0.2	0.5	0.1	0.1	0.1
		R_{333}	0.0848	0.1	0.3	0.5	0.1	0

施工风险评议矩阵 表7-11

评判因素集				专家评判意见				
一级	二级	三级	加权系数	严重	较高	一般	较小	轻微
施工风险 R_4	主体维护 R_{41} 0.2	R_{411}	0.1935	0.1	0.4	0.2	0.1	0.2
		R_{412}	0.1066	0	0	0.7	0.3	0
		R_{413}	0.6999	0.3	0.5	0.1	0.1	0
	反滤层施工 R_{42} 0.1	R_{421}	0.3333	0	0	0.6	0.2	0.2
		R_{422}	0.6667	0	0.2	0.4	0.2	0.2
	桩基础施工 R_{43} 0.2	R_{431}	0.0753	0.1	0.3	0.5	0.1	0
		R_{432}	0.1244	0.2	0.5	0.1	0.1	0.1
		R_{433}	0.8003	0.4	0.5	0.1	0	0
	逆作区施工 R_{44} 0.5	R_{441}	0.2947	0.5	0.2	0.3	0	0.5
		R_{442}	0.1880	0.4	0.3	0.2	0.1	0
		R_{443}	0.4786	0.4	0.5	0.1	0	0
		R_{444}	0.0387	0	0.3	0.4	0.2	0.1

(2) 权重修正

通过专家咨询,同时利用熵权理论,对主观权重进行修正,得二级风险因素权重;一级风险因素权重由二级风险因素权重和专家咨询所得权重综合所得。其中修正后的加权如下所示:

$W_{11} = (0.1030, 0.0266, 0.5665, 0.3039)$,$W_{12} = (0.1462, 0.2341, 0.6197)$

$W_{21} = (0.2945, 0.0435, 0.1011, 0.5609)$,$W_{22} = (0.1418, 0.6498, 0.2084)$

$W_{31} = (0.2659, 0.3368, 0.3973)$,$W_{32} = (0.1901, 0.8099)$,$W_{33} = (0.7170, 0.2305, 0.0525)$

$W_{41} = (0.235, 0.1961, 0.5689)$,$W_{42} = (0.5431, 0.4569)$

$W_{43} = (0.0472, 0.1959, 0.7569)$,$W_{44} = (0.3027, 0.1098, 0.5649, 0.0226)$

$W_{总} = (0.25, 0.25, 0.2, 0.3)$

具体过程如下(以环境风险为示例)。为了消除其他因素对评价结果的影响,先按下述公式对评议矩阵进行规范化处理:

$$r_{ij} = \frac{a_{ij} - \min_i(a_{ij})}{\max_i(a_{ij}) - \min_i(a_{ij})}, i \in N$$

得到规范化后的评议矩阵:

$$R = \begin{bmatrix} 1 & 0.75 & 0.5 & 0.25 & 0 \\ 0 & 0.75 & 1 & 0.5 & 0.25 \\ 0.8 & 1 & 0.2 & 0 & 0 \\ 1 & 0.4 & 0.6 & 0 & 0 \end{bmatrix}$$

再经过表7-12的修正计算即可得到最终的权重值。

熵权修正过程计算表　　　　　　　　　表7-12

风险等级因素			权重修正计算					
一级	二级	三级	$\sum_{i=1}^{n} f_{ij}\ln f_{ij}$	E_i	ω_i	a_i	$\omega_i a_i$	ω'_i
环境风险 R_1	R_{11}	R_{111}	-1.2799	0.7952	0.1730	0.1767	0.0306	0.1030
		R_{112}	-1.2799	0.7952	0.1730	0.0457	0.0079	0.0266
		R_{113}	-0.9433	0.5861	0.3496	0.4811	0.1682	0.5665
		R_{114}	-1.0297	0.6398	0.3043	0.2965	0.0902	0.3039
	R_{12}	R_{121}	-0.6109	0.3796	0.4758	0.0768	0.0365	0.1462
		R_{122}	-0.9503	0.5904	0.3141	0.1863	0.0585	0.2341
		R_{123}	-1.1683	0.7259	0.2102	0.7369	0.1549	0.6197

其中,$f_{ij} = \dfrac{r_{ij}}{\sum_{i=1}^{m} r_{ij}}$;$E_i = -\dfrac{1}{\ln n}\sum_{j=1}^{m} f_{ij}\ln f_{ij}$;$\omega_i = \dfrac{1-E_i}{\sum_{k=1}^{n}(1-E_k)}$;$\omega'_i = \dfrac{\omega_i a_i}{\sum_{i=1}^{n} \omega_i a_i}$

(3) 综合评价

① 二级风险评价

$$B_{11} = W_{11}R_{11} = (0.1030, 0.0266, 0.5665, 0.3039)\begin{bmatrix} 0.4 & 0.3 & 0.2 & 0.1 & 0 \\ 0 & 0.3 & 0.4 & 0.2 & 0.1 \\ 0.4 & 0.5 & 0.1 & 0 & 0 \\ 0.5 & 0.2 & 0.3 & 0 & 0 \end{bmatrix}$$

$$= (0.4197, 0.3829, 0.1791, 0.0156, 0.0027)$$

依次类推得到:$B_{12} = (0.2093, 0.4035, 0.2111, 0.1292, 0.0468)$

$B_{21} = (0.4121, 0.3827, 0.1820, 0.0188, 0.0043)$

$B_{22} = (0.2067, 0.5883, 0.2051, 0.0650, 0)$

$B_{31} = (0.0337, 0.1397, 0.4929, 0.2000, 0.1337)$

$B_{32} = (0.1620, 0.5190, 0.1190, 0.1000, 0.1000)$

$B_{33} = (0.3382, 0.4895, 0.1210, 0.0283, 0.0230)$

$B_{41} = (0.1942, 0.3784, 0.2412, 0.1392, 0.0470)$

$B_{42} = (0, 0.0914, 0.5086, 0.2000, 0.2000)$

$B_{43} = (0.3467, 0.4906, 0.1189, 0.0243, 0.0196)$

$B_{44} = (0.4212, 0.3827, 0.1783, 0.0155, 0.0023)$

② 一级风险评价

$$B_1 = W_1 B_{11} = (0.6, 0.4)\begin{bmatrix} 0.4197 & 0.3829 & 0.1791 & 0.0156 & 0.0027 \\ 0.2093 & 0.4035 & 0.2111 & 0.1292 & 0.0468 \end{bmatrix}$$

$= (0.3356, 0.3911, 0.1919, 0.0611, 0.0203)$

$B_2 = (0.3299, 0.4650, 0.1913, 0.0373, 0.0026)$

$B_3 = (0.1811, 0.3555, 0.2694, 0.1113, 0.0827)$

$B_4 = (0.3188, 0.3743, 0.2120, 0.0605, 0.0344)$

③总风险评价

$$B = WR = (0.25, 0.25, 0.2, 0.3) \begin{bmatrix} 0.3356 & 0.3911 & 0.1919 & 0.0611 & 0.0203 \\ 0.3299 & 0.4650 & 0.1913 & 0.0373 & 0.0026 \\ 0.1811 & 0.3555 & 0.2694 & 0.1113 & 0.0827 \\ 0.3188 & 0.3743 & 0.2120 & 0.0605 & 0.0344 \end{bmatrix}$$

$= (0.2982, 0.3974, 0.2133, 0.0650, 0.0326)$

5）益田中心广场地下停车场运营期风险评价过程

对于益田中心广场地下停车场营运过程中环境和自身风险分析可以采用上述类似的方法进行评价，具体结果如下所示：

$W'_{11} = (0.171, 0.273, 0.25, 0.306)$

$W'_{12} = (0.321, 0.455, 0.234)$

$W'_{21} = (0.235, 0.452, 0.313)$

$W'_{22} = (0.55, 0.45)$

$W' = (0.45, 0.55)$

二级评价中：

$B'_{11} = (0.151, 0.341, 0.243, 0.295, 0)$

$B'_{12} = (0.121, 0.131, 0.452, 0.196, 0.1)$

$B'_{21} = (0.114, 0.152, 0.452, 0.142, 0.140)$

$B'_{22} = (0.189, 0.456, 0.124, 0.131, 0.1)$

一级评价中：

$B_1 = (0.289, 0.321, 0.126, 0.134, 0.13)$

$B_2 = (0.253, 0.48, 0.189, 0.278, 0.09)$

总评价中：

$B = (0.364, 0.323, 0.235, 0.148, 0.03)$

6）风险结果分析

对于总分先评价可采用加权平均法，假设项目风险实行 5 分制，即风险"很小"、"比较小"、"中等"、"比较大'、"很大"的得分分别为 1，2，3，4，5。于是得到向量 $C(1,2,3,4,5)$，设对整个项目在施工过程中的最终评价为 S，则 $S = BC$。

$$S_1 = BC = (0.2982, 0.3974, 0.2133, 0.0650, 0.0326) \begin{bmatrix} 1 \\ 2 \\ 3 \\ 4 \\ 5 \end{bmatrix} = 2.1559$$

因为 $2 < S_1 \leq 3$,则可认为该项目在施工中的风险处于中等。

$$S_2 = BC = (0.364, 0.323, 0.235, 0.148, 0.03) \begin{bmatrix} 1 \\ 2 \\ 3 \\ 4 \\ 5 \end{bmatrix} = 2.457$$

因为 $2 < S_2 \leq 3$,则可认为该项目在项目运营中的风险处于中等。

对一、二级风险评价可采用最大隶属度法,最大隶属度法就是以 B 中的 $\max\{b_1, b_2, \cdots, b_5\}$ 对应的评价等级作为评价结果,然后根据对应的评价等级确定风险等级。具体的风险等级划分如表 7-13 所示。

风险等级划分表   表 7-13

风险级别	风险大小	风险决策准则
1(很小)	0.04~0.12	风险可忽略
2(比较小)	0.12~0.2	可接受,必要时采取降低风险的措施
3(中等)	0.2~0.6	可接受,需要重点进行风险管理
4(很大)	0.6~1	应拒绝

因此,根据以上计算结果,对于一二级风险评价可以得出如下结论。

(1)施工过程中

①在一级风险 $B_1 \sim B_4$ 中 $\max B_2 = \max(0.3299, 0.4650, 0.1913, 0.0373, 0.0026) = 0.4650$ 最大,对应的风险等级为 3 级,说明技术风险较高,需要重点进行风险管理。

②在二级风险 $B_{11} \sim B_{44}$ 中,$\max B_{11} = 0.4197$,$\max B_{22} = 0.5883$,$\max B_{32} = 0.5190$,$\max B_{44} = 0.4212$,说明自然环境、地质勘察、组织管理和逆作区施工 4 个 2 级指标风险较高,需要重点进行风险管理

(2)运营过程中

①在一级风险中,B_2 对应的风险等级为 3 级,说明环境风险和自身风险高,需要重点进行风险管理。

②在二级风险中,$\max B_{12} = 0.452$,$\max B_{22} = 0.452$,$\max B_{31} = 0.456$,说明周边环境、自身风险较高,需要进行风险管理,且在周边环境中建筑物权重较大,在自身风险中管道和过

滤层权重较大,对于这三者需要重点防范。

风险结果汇总见表7-14。

风 险 结 果 表　　　　　　　　表7-14

施工过程		运营过程	
总体风险水平	中等	总体风险水平	中等
一级风险指标	技术风险较高	一级风险指标	环境环境、自身风险都较高
二级风险指标	自然环境、地质勘察、组织管理和逆作区施工风险较高	二级风险指标	周边环境、排水和泄水风险较高
三级风险	周边建筑物、土层结构、质量检测、开挖顺序权重较大,需要重点进行风险管理	三级风险	周边建筑物、管道和过滤层权重大,需要重点进行风险管理

7.3.3 基于故障树的对基坑管涌和泄水失效的重点评价

控制泄排水抗浮系统面临的主要风险包括因意外情况导致水泵全部停止工作、大雨或洪水引起地下水位升高、排水系统堵塞等,针对每种情况引起的风险,进行风险分析,确保工程全生命周期内的安全。

在工程风险的分析方法方面,常用的分析方法有失效模式与效应分析方法、故障树分析法、危险指数分析法、概率风险评价技术、基于可信性的风险评价方法和模糊综合评价方法等。

此处采用故障树分析法对深圳市益田村中心广场地下停车库工程所产生的风险进行分析,编制该工程抗浮系统的故障树,以布尔代数为基础计算顶事件的失效概率,并进行基本事件的重要度分析,确定减小泄水系统失效事故发生可能性的措施。

1)故障树的含义及基本符号

故障树分析法(FTA,FaultTreeAnalysis),由贝尔电话研究所的 H. A. Watson 于 1961 年至 1962 年间提出,是分析大型复杂系统安全性与可靠性常用的方法。1975 年美国原子能委员会发表的核电站安全评价报告(WASH-1400)中,主要的分析技术就是事件树与故障树分析,并且在以后的核电站概率危险评价(PSA)技术的发展中起到了里程碑的作用。自从 20 世纪 70 年代初期发展了以计算机为基础的分析技术以来,故障树方法得到了广泛的应用。

该方法研究系统或装备发生故障这一事件的各种直接和间接原因,建立这些事件的逻辑关系,并以倒树状逻辑图形象地表示这些事件的逻辑关系。

故障树分析方法可用于系统的可靠性分析,系统的安全分析与事故分析,对系统的可靠性进行评价,概率危险评价,系统在设计、维修、运行各个重要阶段的重要度分析和灵敏度分析,故障诊断与检修表的制定等。

第7章 控制泄排水抗浮风险管理研究

故障树分析是一种严密的逻辑过程分析,分析中所涉及的各种事件、原因及其相互关系,需要运用一定的符号予以表达。故障树分析所用符号主要有两类:事件符号和逻辑门符号,分别如表 7-15、表 7-16 所示。

故障树事件符号 表 7-15

事件符号	名　　称	符号意义说明
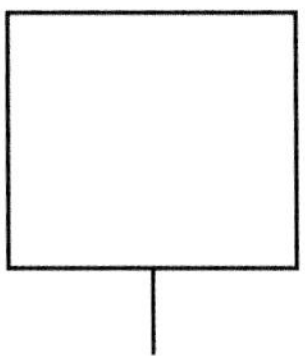 □	顶事件	系统或装置中最不希望发生的事件
□	二次事件或中间事件	故障树中除顶事件及基本事件之外所有事件
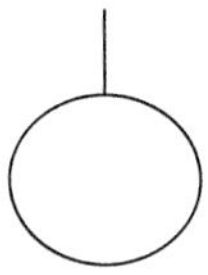 ○	基本事件或初始事件	不能再分解或不必再分解的事件
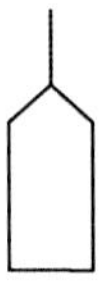 ⌂	条件事件	一般当作一种开关。当符号中所给定的条件满足时,符号所在的逻辑门的其他输入即保留,否则去掉。用于满足特殊条件下绘制故障树的需要
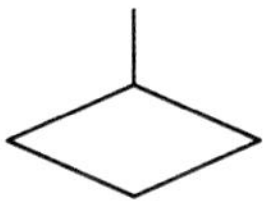 ◇	省略事件	用于不需要分析或无法再分析的事件
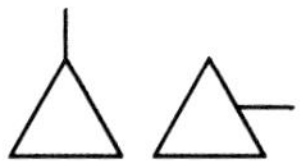 △ △	转移事件	将故障树的某一完整部分(子树)转移到另一处复用,以减少重复并简化故障树。 (a)输入转移 (b)输出转移

逻辑门符号 表 7-16

逻辑门符号	名　　称	符号意义说明
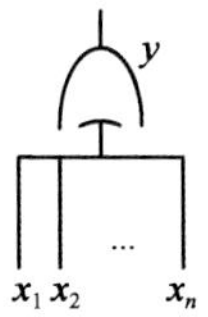 y $x_1\ x_2\ \cdots\ x_n$	逻辑或门	输入事件中只要有一个或多于一个发生,就能使输出事件发生 $$y = x_1 + x_2 + \cdots + x_n$$
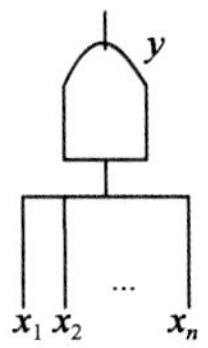 y $x_1\ x_2\ \cdots\ x_n$	逻辑与门	全部输入事件都发生才能使输出事件发生 $$y = x_1 x_2 \cdots x_n$$

续上表

逻辑门符号	名　　称	符号意义说明
$\bar{x}_1$ / x	逻辑非门	输出事件是输入事件的对立事件
(图形)	逻辑禁门	只有满足一定条件时,输入事件才能使输出事件发生
y / $x_1\ x_2$	逻辑与或门	两个事件 x_1、x_2 中任一个发生都将导致输出事件发生;但它们两个事件同时发生时,输出事件却不发生 $y=x_1\bar{x}_2+\bar{x}_1 x_2$

2)故障树分析法的一般步骤

(1)确定所要分析的系统

在分析之前,首先确定分析的范围和边界,同时还要广泛搜集类似工程发生过的风险,以便确定所要分析的风险类型含有哪些内容,供编制故障树危险因素的分析。

(2)熟悉系统

熟悉系统是正确地编制故障树,进而能做出正确分析的关键。要求确实了解系统的构成、功能、工艺(或生产)过程、操作运行情况、设备、各种重要参数和越限指标等,要求确实了解系统情况,如地质条件、设计方案、施工工序流程、机械设备构造、操作条件、环境状况、员工素质、企业管理水平及安全防护措施等。在熟悉系统的基础上做出的分析才能反映系统的客观实际。

(3)调查系统发生的事故

广泛地调查所分析系统的所有事故,既包括过去和现在已发生的事故,也包括估计将来可能发生的事机,要了解所研究的本系统发生的事故,也要了解同类系统发生的事故。这些对于编制故障树,找出基本事件,是有很大帮助的。

(4)确定故障树的顶事件

在广泛收集系统风险资料的基础上,确定一个或几个风险事件作为顶事件进行分析。系统发生的风险可能会有多种,不可能也没有必要都进行故障树分析,一般选择发生可能性较大且能造成一定后果的那些风险事件作为分析对象。

(5)详细调查分析发生风险的原因

顶事件确定之后,就要分析与之有关的各种原因事件,也就是找出潜在危险因素和薄弱环节,包括地质资料的不足、设计的缺陷、施工中的隐患、管理的疏漏以及环境的负面影响等。

(6)确定分析的深度

在分析原因事件时,需事先明确要分析到哪一层为止。分析的太浅,可能发遗漏;分析的太深,则故障树过于庞大繁锁。具体深度应视分析对象而定。

(7)编制故障树

从顶事件开始,采取演绎分析方法,逐层向下找出直接原因事件,直到所有基本的事件为止。每一层事件都按照输入(原因)与输出(结果)之间的逻辑关系用逻辑门连接起来,必须注意各层的逻辑关系,即上一层事件是下一层事件的必然结果,下层事件是上一层事件的充分条件。这样得到的图形就是故障树图。初步编好的树应进行整理和简化,将多余事件或上下两层逻辑门相同的事件去掉或合并。

(8)故障树定性分析

故障树简化后,不仅可以直观地看出风险发规律及相关因素,还能进行多种计算。首先可从故障树结构上求最小割集和最集,进而得到每个基本事件对顶事件的影响程度,为采取安全措施的先后次序、轻重缓急提供依据。

(9)故障树定量分析

定量分析是系统危险性分析的最高阶段,是对系统进行安全性评价。通过定量可计算出事故发生的概率,并从数量上说明每个基本事件对顶事件的影响程度,从而制定出最经济、最合理的控制风险的方案,实现系统最佳安全的目的。

以上步骤不一定每步都做,要根据需要和可能而定,其分析顺序如图7-12所示。

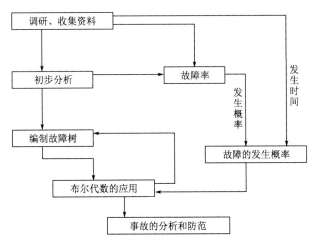

图7-12 故障树分析顺序

3)故障树的定量分析方法

对给定的故障树,若已知其结构函数和底事件(即系统基本故障事件的发生概率),从原则上来说,应用容斥原理中对事件和与事件积的概率计算公式,可以定量地对故障树进行评定。在进行故障树的定量分析之前,一般须作如下假设:

①基本事件之间相互独立。

②基本事件和顶事件都只考虑两种状态——发生或者不发生。

故障树定量分析的目的是计算系统顶事件发生的概率以及系统的一些可靠性指标,从而对系统的可靠性、安全性及风险性做出定量的评价。定量分析的主要内容包括确定各个基本事件的概率,计算顶事件的概率,计算结构重要度、概率重要度和关键重要度。

(1) 基本事件的概率

假定所需的各个基本事件的概率都能精确估计,则在所有基本事件都相互独立的条件下,即在任何一个基本事件是否发生对其余基本事件是否发生不产生影响的条件下,可以对故障树进行定量分析。

在 FTA 法分析中,最重要也是最难的是如何确定这些基本事件的发生概率,这取决于对一些基本事件发生概率的统计数据和专家依据积累的经验。

(2) 用最小割集计算顶事件发生概率

根据前述布尔代数运算已获得的故障树最小割集逻辑加布尔表达式,理论上可采用全概率法计算顶事件发生的概率:

$$P(T) = P(K_1 \cup K_2 \cup \cdots \cup K_{N_i}) = \sum_{i=1}^{N_i} P(K_i) - \sum_{i<j=2}^{N_k} P(K_i K_j) + \sum_{i<j<k=3}^{N_k} P(K_i K_j K_k) + \cdots + (-1)^{N_k-1} P(K_1, K_2, \cdots, K_{N_k}) \quad (7\text{-}1)$$

式中:$P(T)$——顶事件发生概率;

$P(K_i)$——第 i 个最小割集 K_i 发生概率;

N_i——最小割集数。

假设所求得的最小割集相互独立,顶事件发生的概率 $P(T)$ 可采用一阶近似的算法来计算,即

$$P(T) \approx S_1 = \sum_{i=1}^{N_k} P(K_i) \quad (7\text{-}2)$$

(3) 重要度分析

工程实践表明,从可靠性、安全性角度看,系统中各部件并不是同等重要的,因此,引入重要度的概念用以标明某个部件对顶事件发生的影响大小是很必要的。底事件(的集)的发生对顶事件发生的贡献称为底事件的重要度。重要度是故障树分析中的一个重要概念,对改进系统设计、确定系统需要监控的部位、制定系统故障诊断时的核对清单、制订维修策

略等是十分有利的。对于不同的对象和要求,应采用不同的重要度。

① 结构重要度是指元、部件在系统中所处位置的重要程度,与元、部件本身故障概率无关。其数学表达式为:

$$I_i^\phi = \frac{1}{2^{n-1}} n_i^\phi \tag{7-3}$$

$$n_i^\phi = \sum_{2^{n-1}} [\phi(1_i, \overline{X}) - \phi(0_i, \overline{X})] \tag{7-4}$$

式中:I_i^ϕ——第 i 个元、部件的结构重要度;

n——系统所含元、部件的数量。

② 概率重要度是指第 i 个部件不可靠度的变化引起系统不可靠度变化的程度。从数学上讲,概率重要度是指顶事件发生概率对底事件发生概率的偏导数。其表达式为:

$$\Delta g_i(t) = \frac{\partial g|\overline{F}(t)|}{\partial F_i(t)} = \frac{\partial F_s(t)}{\partial F_i(t)} \tag{7-5}$$

式中:$\Delta g_i(t)$——概率重要度;

$F_i(t)$——元部件不可靠度;

$g|\overline{F}(t)|$——顶事件发生概率;

$F_s(t)$——故障树结构函数。

③ 综合基本事件发生概率对顶事件发生概率的影响程度和该基本事件发生概率的大小,以评价各个基本事件的重要程度,即临界重要度分析。因此,基本事件发生概率的变化率与顶事件发生概率的变化率的比值称为临界重要度函数。

$$CI_g(i) = \lim \frac{\frac{\Delta P(T)}{P(T)}}{\frac{\Delta q_i}{q_i}} = \frac{q_i}{P(T)} I_g(i) \tag{7-6}$$

4)深圳市益田村地下停车库工程基坑管涌和泄水失效的故障树编制

根据基于熵权的模糊评价的结果,深圳市益田村地下停车全寿命周期过程中,自身风险中施工风险较大,运营风险较大,本章节针对上述两类风险中的重点,即基坑管涌和泄水失效问题使用故障树进行定量分析。

(1)控制泄排水抗浮系统故障树编制

遵循故障树编制的有关原则,本工程控制泄排水抗浮系统的故障树如图 7-13、图 7-14 所示,其相关说明如下:

① 各层事件均以相同首字母编号,顶事件编号为 T,基本事件和条件事件以 X 为开头按顺序编号,其他中间事件按由上至下的顺序以 A、B、C 为开头分别编号。

② X_3 中,$H\gamma_w > h\gamma_s$ 为承压水引起涌水涌土的条件公式,式中 H 为承压水压力水头,γ_w 为

地下水的重度，h 为基坑坑底到坑下承压水层的土层厚度，γ_s 为土的重度。

③A_1 中，基坑涌水破坏属于施工阶段的风险。

④B_1 中，逻辑门为逻辑或门，即当基本事件 X_4 和 X_5 只要有一个发生时，就会导致集水管淤堵。

⑤X_{11} 中包含因自然灾害或其他情况引起的长时间断电引起的水泵不正常工作。

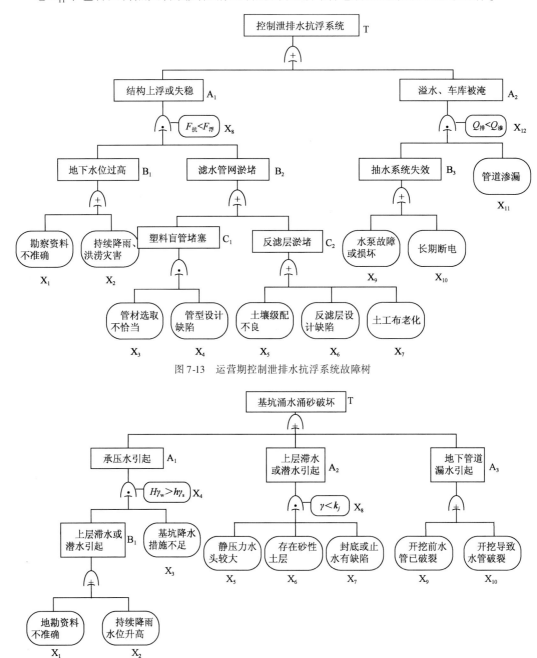

图 7-13 运营期控制泄排水抗浮系统故障树

图 7-14 施工期基坑管涌故障树

(2) 定性分析

根据上述建立的故障树,按布尔代数法可以得到如下的结果:

故障树1:

$$\begin{aligned}T &= A_1 + A_2 \\ &= X_8 B_1 B_2 + X_{12} B_3 X_{11} \\ &= X_8(X_1 + X_2)(C_1 + C_2) + X_{12}(X_9 + X_{10})X_{11} \\ &= X_1 X_3 X_4 X_8 + X_1 X_5 X_8 + X_1 X_6 X_8 + X_1 X_7 X_8 + X_2 X_3 X_4 X_8 + X_2 X_5 X_8 + \\ &\quad X_2 X_6 X_8 + X_2 X_7 X_8 + X_9 X_{11} X_{12} + X_{10} X_{11} X_{12}\end{aligned}$$

由以上计算结果可以看出,顶事件为10个交集的并集,这10个交集即为事故的最小割集,分别对应于导致顶事件发生的10种事故模式。最小割集分别为:

$$(X_1 X_3 X_4 X_8), (X_1 X_5 X_8), (X_1 X_6 X_8), (X_1 X_7 X_8), (X_2 X_3 X_4 X_8),$$
$$(X_2 X_5 X_8), (X_2 X_6 X_8), (X_2 X_7 X_8), (X_9 X_{11} X_{12}), (X_{10} X_{11} X_{12})$$

故障树2:

$$\begin{aligned}T &= A_1 + A_2 + A_3 \\ &= X_4 B_1 X_3 + X_8 X_5 X_6 X_7 + X_9 + X_{10} \\ &= X_1 X_3 X_4 + X_2 X_3 X_4 + X_5 X_6 X_7 X_8 + X_9 + X_{10}\end{aligned}$$

最小割集分别为:

$$(X_1 X_3 X_4), (X_2 X_3 X_4), (X_5 X_6 X_7 X_8), (X_9), (X_{10})$$

(3) 定量分析

根据参考文献中统计数据和方法,对控制泄排水抗浮系统的基本事件和条件事件发生概率估计如表7-17、表7-18所示。概率值与事件发生的可能性间的对应关系如下:

0.01——不可能;0.1——可能性较小;0.3——可能但不经常;0.5——可能且一般较严重;0.7——相当可能且严重;0.9——完全可能且相当严重。

故障树1 基本事件概率 表7-17

编号	编号意义	概率	编号	编号意义	概率
X1	勘察资料不准确	0.01	X7	土工布老化	0.7
X2	持续降雨、洪涝灾害	0.4	X8	$F_抗 < F_浮$	0.3
X3	管材选取不恰当	0.3	X9	水泵故障或损坏	0.5
X4	管型设计缺陷	0.1	X10	长期断电	0.1
X5	土壤级配不良	0.3	X11	管道渗漏	0.5
X6	反滤层设计缺陷	0.1	X12	$Q_排 < Q_渗$	0.3

故障树 2 基本事件概率　　　　　　　表 7-18

编　号	编号意义	概　率	编　号	编号意义	概　率
X1	地勘资料不准确	0.1	X6	存在砂性土层	0.5
X2	持续降雨水位升高	0.3	X7	封底或止水有缺陷	0.2
X3	基坑降水措施不足	0.3	X8	$r' < k_j$	0.3
X4	$H\gamma_w > h\gamma_s$	0.1	X9	开挖前水管已破裂	0.1
X5	静压力水头较大	0.2	X10	开挖导致水管破裂	0.3

① 计算顶事件发生的概率。

计算顶事件发生的概率,即控制泄排水抗浮系统事故可能发生的概率大小,对于计算风险防范所值得投入的成本和参加工程保险有很重要的意义。

顶事件发生的概率 $P(T)$ 可采用一阶近似的算法来计算。

故障树 1：

$$P(T) \approx S_1 = \sum_i^{N_i} P(K_i)$$
$$= P(X_1 X_3 X_4 X_8) + P(X_1 X_5 X_8) + P(X_1 X_6 X_8) + P(X_1 X_7 X_8) + P(X_2 X_3 X_4 X_8) +$$
$$P(X_2 X_5 X_8) + P(X_2 X_6 X_8) + P(X_2 X_7 X_8) + P(X_9 X_{11} X_{12}) + P(X_{10} X_{11} X_{12})$$
$$= 0.229$$

故障树 2：

$$P(T) \approx S_1 = \sum_i^{N_i} P(K_i)$$
$$= P(X_1 X_3 X_4) + P(X_2 X_3 X_4) + P(X_5 X_6 X_7 X_8) + P(X_9) + P(X_{10})$$
$$= 0.418$$

② 结构重要度分析。

结构重要度是是故障树分析中一个重要的数量指标,它表示了基本事件对顶事件发生的影响程度。结构重要度可采用最小割集近似判断。其基本步骤如下。

a. 单事件最小割集中基本事件结构重要系数最大。

b. 仅出现在同一个最小割集中的所有基本事件结构重要系数相等。

c. 仅出现在基本事件个数相等的若干个最小割集中的各基本事件结构重要系数依出现次数而定,即出现次数少,其结构重要系数小;出现次数多,其结构重要系数大;出现次数相等,其结构重要系数相等。

d. 两个基本事件出现在基本事件个数不等的若干个最小割集中,其结构重要系数依下列情况而定：

a) 若它在各最小割集中重复出现的次数相等,则在少数事件最小割集中出现的基本事件结构重要系数大。

b) 若它在少事件最小割集中出现次数少，在多事件最小割集中出现次数多，以及其他更为复杂的情况，可用如下近似判别式计算：

$$I_i^\phi = \sum I(i) = \sum \frac{1}{2^{n_i-1}} \tag{7-7}$$

式中：$I(i)$——基本事件各结构重要性系数的近似判别值，$I(i)$ 大则 I_i^ϕ 也大；

　　　n_i——基本事件所在最小径集中包含基本事件的个数。

根据以上的原理和方法，本工程控制泄排水抗浮系统各基本事件的结构重要度排序如下。

故障树 1：

$$I_9^\phi = I_{10}^\phi > I_3^\phi = I_4^\phi = I_5^\phi = I_6^\phi = I_7^\phi = I_{11}^\phi = I_{12}^\phi > I_1^\phi = I_2^\phi > I_8^\phi$$

故障树 2：

$$I_9^\phi = I_{10}^\phi > I_1^\phi = I_2^\phi = I_5^\phi = I_6^\phi = I_7^\phi = I_8^\phi > I_3^\phi = I_4^\phi$$

③概率重要度分析。

概率重要度分析如表 7-19、表 7-20 所示。

故障树 1 各基本事件概率重要度　　　　表 7-19

编　号	概率重要度	概　率	编　号	概率重要度	概　率
X1	0.339	0.01	X7	0.123	0.7
X2	0.339	0.4	X8	0.4633	0.3
X3	0.0123	0.3	X9	0.15	0.5
X4	0.0369	0.1	X10	0.15	0.1
X5	0.123	0.3	X11	0.18	0.5
X6	0.123	0.1	X12	0.3	0.3

故障树 2 各基本事件概率重要度　　　　表 7-20

编　号	概率重要度	概　率	编　号	概率重要度	概　率
X1	0.03	0.1	X6	0.012	0.5
X2	0.03	0.3	X7	0.03	0.2
X3	0.06	0.3	X8	0.02	0.3
X4	0.12	0.1	X9	0.821	0.1
X5	0.03	0.2	X10	0.821	0.3

④关键重要度分析。

关键重要度分析如表 7-21、表 7-22 所示。

故障树 1 各基本事件关键重要度　　　　表 7-21

编　号	关键重要度	概　率	编　号	关键重要度	概　率
X1	1.480×10^{-2}	0.01	X7	3.760×10^{-1}	0.7
X2	5.922×10^{-1}	0.4	X8	6.070×10^{-1}	0.3
X3	1.611×10^{-2}	0.3	X9	3.275×10^{-1}	0.5
X4	1.611×10^{-2}	0.1	X10	6.551×10^{-2}	0.1
X5	1.611×10^{-1}	0.3	X11	3.930×10^{-1}	0.5
X6	5.371×10^{-2}	0.1	X12	3.930×10^{-1}	0.3

故障树 2 各基本事件关键重要度　　　　表 7-22

编　号	关键重要度	概　率	编　号	关键重要度	概　率
X1	7.177×10^{-3}	0.1	X6	1.435×10^{-2}	0.5
X2	2.153×10^{-2}	0.3	X7	1.435×10^{-2}	0.2
X3	4.306×10^{-2}	0.3	X8	1.435×10^{-2}	0.3
X4	2.871×10^{-2}	0.1	X9	3.928×10^{-1}	0.1
X5	1.435×10^{-2}	0.2	X10	3.928×10^{-1}	0.3

7.3.4　益田中心广场停车场风险控制

1）基坑环境风险控制措施

（1）明确项目周边构建物、管线的分布图,在项目施工和运营中,对周边建筑物的沉降、地下水位等关键指标进行实时监控。

（2）制定针对在项目施工和运营期中不可抗力因素(如持续降水、地震、台风等)的风险紧急预案。

（3）建立完善、详细的项目及周边水文条件和地质状况的资料库。

2）基坑技术风险控制措施

基坑技术风险控制措施主要包括承压水划分不准确的控制措施、水文资料不完整或不准确的风险控制措施、勘察报告对承压水评价不准确风险的控制措施和施工采用的技术成熟度不高的风险控制措施,前三项为勘察风险,具体措施如表 7-23 所示。

（1）勘察风险控制措施

勘察风险控制总览　　　　表 7-23

风　险　源	控　制　措　施
承压水划分不准确	承压含水层分层界限附近宜加密取土或标贯试验的间距
	承压含水层土层定名应根据野外记录、静探曲线以及室内试验结果综合确定,避免因土层定名与实际情况不符合导致的承压水含水层漏划的风险事件发生
	制订详细的野外作业操作规程,工程负责人应加强对现场的监管
	应该加强对从业人员的岗位培训、职业道德和技术技能的培训,同时制定详细的野外作业操作流程

续上表

风 险 源	控 制 措 施
水文资料不完整或不准确	勘察人员应根据承压含水层分布特征以及工程的性质,分析判断承压水对工程的影响
	现场进行承压水水头观测时,应加强野外作业管理,严格按正确的操作规程施工
	勘察报告除了提供勘察期间的承压水水位外,还应该收集区域承压水水位的资料,以满足基坑突涌评价应按不利组合考虑的要求
	应该警醒现场渗透试验,综合室内渗透试验和现场注水综合确定土层渗透系数
	加强现场管理,现场作业应该按照正确的操作规程施工
勘察报告对承压水评价不准确	勘察报告应按照最不利的施工条件,针对微承压水、承压水对深基坑的突涌可能性进行分析和评价
	含水层和隔水层是相对的,应根据土层夹砂的多寡,判断多层承压水的连通性,并作出评价
	勘察人员应该根据承压水含水层分布特征及工程性质,分析判断承压水对工程的影响程度
	收集区域承压水位资料,以满足基坑突涌评价按照不利组合考虑的要求
	加强现场管理,现场作业应该按照正确的操作规程施工,清除笼内泥浆,确保获得的含水层渗透系数的准确性

(2)技术风险控制措施

①针对关键技术和施工工艺,交由专家组技术鉴定和论证。

②制定明确的技术要求和施工规范,强化施工技术交底。

③在施工和运营中,对技术关键风险点加强监控力度。

3)基坑施工风险控制措施

基坑施工风险控制措施涵盖降水设计方案、降水井施工质量、降水井运行风险、维护结构的设计和施工质量以及基坑坑底加固的质量控制措施。

(1)基坑降水方案风险控制(表7-24)

基坑降水风险控制总览　　　　　　表7-24

风 险 源	控 制 措 施
基坑降水设计方案风险	设计人员应该全面了解、掌握基坑降水区域的地质和水文条件。在此基础上,应尽可能进行三维地下水渗流计算
	选取客观的能反映本区域的水文地质条件的地下水渗流模型,并进行降水设计计算
	设计人员应该充分了解基坑维护结构特点及各工况条件,在此基础上确定降水方案并进行降水
	基坑承压水降水主要以满足工程开挖要求和尽可能减少降水对周边环境影响为目标
	降水设计的计算时留有一定的安全系数,出于计算选取参数的准确性和降水井的施工质量及成井后的运行质量两方面的考虑

续上表

风 险 源	控 制 措 施
基坑降水井质量风险	加强控制成孔质量,根据钻孔桩施工相关要求控制程控深度。成孔深度的控制根据钻孔灌注桩相关规程要求进行,不得超深施工
	井管验收合格后,方可投入使用;井管之间的焊接质量必须符合相关规范要求
	洗井采用联合洗井的方式,通过洗井使井管内的水位计水量能准确地反映承压水含水层的水力特征
	在施工组织中,对成井的有关材料、规格、型号和安装方法有明确的要求,每道工序严格控制
	加强现场管理,现场作业应该按照正确的操作规程施工
	施工过程中严格要求每道工序,上道工序验收合格以后才能进行下道工序;在降水井投入使用前,对井的质量进行验收
基坑降水运行风险	选用二路电源,确保降水运行工程中系统电源正常供电
	降水运行正式开始之前,应进行专门的排水系统的设计,确保排水系统的排水能力能够满足本工程排水的要求
	降水运行时,对降水井和观测井内的水位进行实时监测,并根据坑内外水位差和基坑开挖深度调整降水群
	施工前,制定安全施工措施,确保在开挖过程中降水井井管一级排水系统得到有效的保护
	降水过程中,严密监控围护结构的隔水效果、围护结构的渗漏水情况、周边环境的显著变化(建筑物沉降、位移、地面沉降等)

(2)基坑维护设计风险控制措施

①基坑维护设计按照最不利条件对成盐水突涌可能性进行评价。

②采用合理的维护结构,维护结构确保有良好的止水功能,并加强对止水结构施工质量的检测要求。

③对影响基坑稳定的关键施工技术和工艺等,提出明确的要求和规范措施。

④强化施工前的技术交底,要求施工组织设计对基坑加固有明确的检测说明。

⑤对施工易发生的风险,按时间在施工组织设计中做了明确的必要说明。

(3)基坑维护施工质量风险控制

①地下连续墙施工时设置导墙,导墙筑于坚实的土面上。

②地下连续墙的槽壁以及接头保持竖直,垂直度和局部偏控制在符合设计要求范围内。

③钢筋笼入槽之前,采用地步抽汲、顶部补浆方法对槽壁泥浆和沉淀物进行置换和清除,使底部泥浆比重大于1.5。

(4)基坑坑底加固施工质量控制措施

①采用注浆法时,注浆压力、注浆流量根据土层的性质及埋深确定,针对具体的土层进行现场试验。

②水灰比及渗流量按照设计要求进行;注浆后28d选取标注贯入度和静力触探对加固

效果进行检测。

③注浆堵漏施工中,根据渗流水变化情况、浆液随渗流水的流失量变化特征等,及时调整施工位置与浆液配比。

④注浆施工完成后,还根据检测资料分析周围环境由于渗流水导致的土体流失程度,采用合理的注浆补偿措施增加土体的强度和刚度。

4）基坑管理风险控制措施

基坑风险管理控制措施包括基坑安全风险管理措施和基坑质量管理措施,具体控制措施如下所示。

（1）基坑安全管理风险控制措施（表7-25）

基坑安全风险控制总览　　　　　表7-25

风 险 源	控 制 措 施
基坑安全管理风险措施	建立主要包括安全机构的设置、专职人员的配备和施工安全监测、高危险作业环境以及防火、防毒、救护、警报、治安等内容的安全保证体系
	加强全员的安全教育和技术培训考核,使全体员工充分认识到安全生产的重要性、必要性。懂得安全生产、文明施工的科学知识,牢固"树立安全第一、预防为主"的思想,克服麻痹思想,自觉地遵守各项安全生产法令和规章制度
	通过安全检查增强全体员工的安全意识,促进项目经理部对劳动保护和安全生产方针、政策、规章制度的贯彻执行,解决安全生产上存在的问题
	建立以岗位责任制为中心的安全生产责任制,制度明确,责任到人,奖罚分明
	针对工程特点、现场环境、施工方法、劳动组织、作业方法、使用的机械设备、变配电设施,以及各种安全防护设施等制定切实可行的安全施工技术措施

（2）质量管理风险控制技术措施

①为确保工程质量目标的实现,建立健全质量保证体系。

②建立健全项目经理部工程质量责任制,明确各级管理职责,建立严格的考核、奖惩制度,将工程质量与个人挂钩,真正体现质量优则奖,质量劣则罚的管理理念。

③根据合同条件和工程特点选派符合本工程实际需要,具有一定技术水平、业务能力和政治素质,能够胜任本工程专业技术管理工作的工程技术人员组成施工技术管理队伍。并在人员数量和综合素质上给予充分的保证,重点是综合素质上的保证。

④按深圳市建设主管部门有关施工图纸管理规定和工程项目管理标准的规定对设计文件和施工图纸进行审核。

⑤建立技术交底制度,开工前由项目总工程师向项目经理部和工区管理部各职能部门管理人员进行总体实施性施工组织设计交底;单位工程由项目经理部工程部向项目经理部（含工区）各职能部门进行技术交底;分部工程由工区管理部工程组向施工队进行分部工程技术交底;分项工程由工区管理部工程组专业工程师对施工班组全体工人针对施工工艺、工

艺流程、验收质量标准、施工注意事项进行详细的技术交底,同时进行安全技术交底。

⑥保证日常管理工作的质量,包括编制实施性施工组织设计、制定施工计划、安排施工顺序等工作。

⑦坚持测量双检制,现场控制桩由技术部门接收、使用、保管;交接桩时要逐点查看,并进行记录与签认,及时进行复核测量和上报复核测量成果;施工中必须定期对控制桩进行复测,避免累计误差;测量数据在测前、测中、测后分三次复核检查,内业资料两人独立计算,相互核对。测量仪器定期检定,从而保证施工测量质量。

⑧在施工准备阶段做好人员培训、技术准备和施工现场准备等工作,确保施工质量。

⑨制定包括地下连续墙施工、高压喷射注浆、基坑开挖、钢筋工程、模板工程等关键工序施工技术控制流程图和质量保证措施。

⑩制定科研与技术攻关措施,成立 QC 小组,积极开展质量管理活动,运用排列图、因果图、直方图、控制图等统计技术,按照 PDCA 循环的基本作用方法,分析研究影响质量波动的原因,采取对策,进行控制。

⑪采用新技术、新工艺、新材料的施工技术措施,施工过程中,运用先进的 P3 工程项目管理软件,对施工过程进行动态管理,以利施工生产的均衡性;配备一定数量的计算机,并有两台以上计算机通过联网实现及时进行施工过程各种信息的传递,同时利用配备的远程终端控制系统,实现各项资源快速、有效地配置。

第8章 工程实施效果

8.1 监测的主要目的

(1)通过对监测数据的分析、处理,掌握基坑变化规律,修改或确认设计及施工参数,保证地面建筑物及地下管线的安全。

(2)以信息化施工、动态管理为目的,通过监控量测了解施工方法和施工手段的科学性和合理性,以便及时调整施工方法,保证施工安全。

(3)监测在荷载的情况下基坑稳定和变形情况,验证围护结构的设计效果,保证基坑、围护结构稳定,地表建筑物安全。

(4)通过量测数据的分析处理,确保施工影响范围内的建筑物和重要管线的安全性,及时加固或调整施工方法。

8.2 监测仪器、监测点布置图和控制值

8.2.1 监控量测仪器

施工监测仪器汇总于表8-1。

施工监测仪器汇总　　　　表8-1

设备、仪器名称	单 位	数 量
全站仪	台	2
精密水准仪	台	2
钢瓦尺	把	4
精密光学测量滑动测斜仪	个	1
SS-2频率接收仪	台	3
自动记录仪	台	4
测斜管	根	30
水位计	台	2
游标卡尺	把	4

8.2.2 监测点布置

(1)测点布设原则

①按照监测方案在现场布设测点,原则上以监测方案中的要求布置。实际根据现场情况,可在靠近设计测点位置设置测点,但以能达到监测目的为原则。

②监测点的类型和数量结合工程特点、施工特点、监测费用等因素综合考虑。

③为验证设计数据而设的测点布置在设计最不利的位置和断面;为指导施工而设计的测点布置在相同工况下的最先施工部位,其目的是为了及时反馈信息,以修改设计和指导施工。

④地表变形测点的位置既要考虑反映对象的变形特征,又要便于采用仪器进行观测,还要有利于测点的保护。

⑤各类监测测点的布置在时间和空间上有机结合,力求同一监测部位能同时反映不同的物理变化量,以便找到其内在的联系和变化规律。

⑥测点的布设应提前一定的时间,并及早进行初始状态的量测。

⑦测点在施工过程中一旦破坏,尽快在原来位置或尽量靠近原来位置补设测点,以保证该测点观测数据的连续性。

(2)地下水位监测点的布置

测点应布设在基坑两侧 10m 范围以内,采用地质钻孔机钻孔成型后,放入 PVC 专用测管,及时做好孔口标高的测量记录,四周用黏土球填实。纵向 50~100m 一个量测断面,一个断面布置 1 个测孔。地质钻孔机钻孔时,需对地下管线进行调查,防止钻断、钻漏各类管线,避免造成事故。

(3)基坑围护结构顶部水平位移监测点布置

水平位移监测点分为基准点、工作基点、变形监测点 3 种。位移监测点按照 20m 左右的间距布设在围护结构上端,共布置 50 个监测点。基准点和工作基点均为变形监测的控制点,基准点一般距离施工场地较远,应设在影响范围以外,用于检查和恢复工作的可靠性;工作基点则布设在基坑周围较稳定的地方,直接在工作基点上架设仪器对水平变形监测点进行观测。

(4)地表和周边建筑沉降监测点布置

测点布设基坑外,对松软地基,在基坑周围隔 10~20m 设一个监测断面,每个断面设 4 个测点,可钻(或挖)40cm 深的孔,竖直放入 $\phi 12$ 的膨胀螺钉,螺钉与孔壁之间可填充水泥砂浆,螺钉圆头段露出地面 1cm。在混凝土或建筑物基础等比较坚硬的结构面上,可打入水泥钉或直接在其上划十字,再用红油漆以标识。

基坑围护结构顶部水平位移监测点布置、地表和周边建筑沉降监测点布置如图 8-1 和图 8-2 所示。

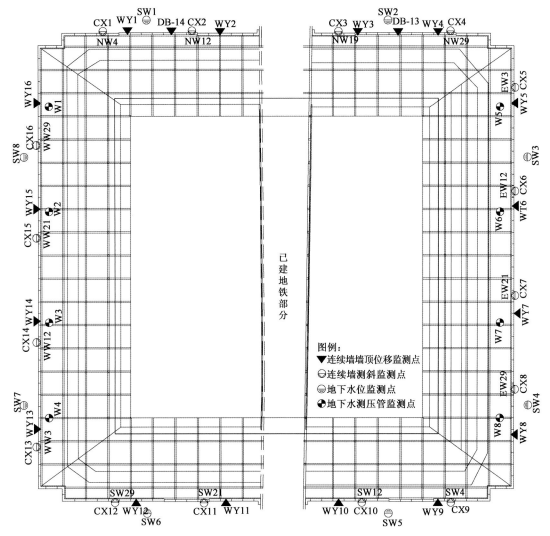

图 8-1　基坑围护结构顶部水平位移监测点布置

8.2.3　监测的警戒值和频率

警戒值是监测工作实施前,为确保监测对象安全而设定的各监测指标的预估最大值。在监测过程中,一旦量测数据超过警戒值的 80% 时,监测部门应在报表中醒目提示,予以报警。警戒值的确定一般应遵循如下原则:

(1)监测警戒值必须在施工前,由建设、设计、监理、施工、市政、监测等有关部门共同商定,列入监测方案。

(2)每个监测项目的警戒值应由累计允许变化值和变化速率两部分来控制。

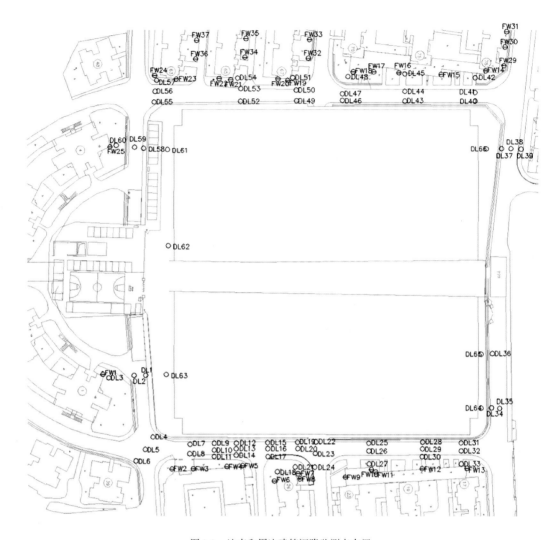

图 8-2　地表和周边建筑沉降监测点布置

(3) 监测警戒值的确定应满足现行相关设计、施工的法规、规范和规程的要求。

(4) 对一些目前尚未明确规定警戒值的监测项目,可参考国内外相似工程的监测资料确定其警戒值。

(5) 监测警戒值的确定应具有工程施工可行性,在满足安全的前提下,应考虑提高施工工效和减少施工费用。

(6) 在监测工作实施过程中,当某个量测值超过警戒值时,除了及时报警外,还应与有关部门共同研究分析,动态控制,必要时可对警戒值进行调整。

监测的各个项目的具体位置、监测精度、监测频率和控制值如表 8-2 所示。

监测频率和警戒值 表8-2

序号	监测项目	位置和监测对象	监测精度(mm)	监测频率	控制值	报警值
1	基坑内外观察	基坑外地面土层等描述	—	随时	—	—
2	墙顶位移	墙顶冠梁	±1.0	随时	0.25%H	24mm
3	墙体变形	墙体全高	±1.0	开挖和回填过程中每天2次	0.25%H	0.2%H和24mm中较小者
4	基坑周围地表沉降	周围1倍的基坑深度	±1.0	围护结构施工及基坑开挖期间2d一次,结构施工7d一次	0.15%H	15mm
5	地下水位	基坑周围	±5.0	围护结构施工及基坑开挖期间2d一次,结构施工2d一次	500mm	300mm
6	周围建筑物沉降变形	周边结构	±1.0	2d一次	0.15%H	15mm

8.3 监测工程的具体方法

8.3.1 地下水位的监测

(1)监测目的

基坑取土、降水对周边地下水的影响程度,根据水位变化值绘制水位随时间的变化曲线,以及水位随基坑开挖进程的变化曲线图,判断基坑及周边环境的稳定,预测土体变形和基坑稳定,指导施工、降水。

(2)监测仪器

监测仪器包括电测水位计、PVC塑料管、电缆线。水位监测孔布设如图8-3所示。

(3)地下水位监测技术要点

本量测项目用电子水位计进行。水位计由测头、测尺和蜂鸣器三部分组成。当测头接触水面时,探头与蜂鸣器间电路形成闭合回路,蜂鸣器响,此时从测尺上读出水面至孔口标志点(基点)间的距离。

测量时,拧松绕线盘后面的止紧螺钉,让绕线盘自由转动后,按下电源按钮(电源指示灯亮),把测头放入水位管内,手拿钢尺电缆,让测头缓慢地向下移动,当测头的触点接触到水面时,接收系统的音响器便会发出连续不断的蜂鸣声,此时读写出钢尺电缆在管口处的深度尺寸,即为地下水位离管口的距离 a,重复一次得读数 b。

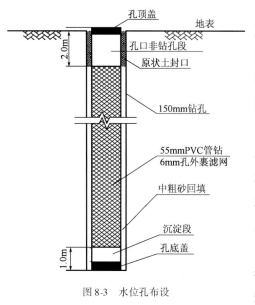

图 8-3 水位孔布设

若是在噪声比较大的环境中测量时,蜂鸣声听不见,可改用峰值指示,只要把仪器面板上的选择开关拨至电压档即可,测量方法同上,此时的测时精度与音响测得的精度相同。在读数时必须注意以下几点:

① 当测头的触点接触到水面时,音响器会发出声音或电压表立即会有指示,此时应缓慢地收放钢尺电缆,以便仔细地寻找到发音或指示瞬间的确切位置后,读出该点距孔口的深度尺寸。

② 读数的准确性取决于及时判定蜂鸣声或指示的起始位置,测量的精度与操作者的熟练程度有关,故应反复练习与操作。

③ 计算:水位变化 $= (a+b)/2 -$ 上次平均值。

8.3.2 地表沉降的监测

(1) 监测目的

地下工程开挖后,地层中的应力扰动区延伸至地表,围岩力学形态的变化在很大程度上反映于地表沉降,且地表沉降可以反映结构施工过程中围岩变形的全过程。尤其是对于城市浅埋地下工程,若在其地表有建筑物时,就必须对地表沉降情况进行严格的监测和控制。

(2) 监测仪器

监测仪器为水准仪。

(3) 基准点和沉降点的观测

基准点是观测沉降点沉降量的基准,因此,要用精密水准测量的方法来测定基点的高程,并经常检查其高程有无变动。测量时应与国家二等水准点进行往返测,其误差 $\leqslant 1.0\sqrt{n}$ mm(其中 n 为测站数)。检查周期不得大于30d。在沉降观测时,对各测点与后视基点的视距应有控制,测点和后视基点的视距差不应大于2m。在对各沉降观测点观测后必须再后视基点,两次后视读数差不得超过 0.1mm,否则应重测。

沉降观测采用二等水准单程双测站量测,所测高程较差应 $\leqslant 0.7\sqrt{n}$ mm(其中 n 为测站数)。观测应坚持四固原则,即施测人员固定、测站位置固定、测量延续时间固定、施测顺序固定,以确保观测数据的质量。观测步骤如下:

① 测站位置处架设仪器、整平。

②测量基点尺面读数(h_{j1})。

③按预定方向依次测量测站内各沉降观测点的尺面读数,最后返回原基点。

④进行测站校核,合格后方可迁站。

(4)记录和计算

记录要保持正确性和原始性,不得誊抄或涂改。记录员听到读数后,应边复诵边记录,以资校核。记错时,应以单线整齐地划去,在其上方改正,不得用橡皮擦拭。对每个观测点的观测,记录员应当场记录,校核无误且各项指标都符合要求,方可通知观测员迁站。

沉降点的沉降值 ΔH_t 等于沉降点与基点间高差 Δh 在时刻 t 时的改变值,即:$\Delta H_t(1,2) = \Delta h_t(2) - \Delta h_t(1)$(单位以 mm 计)。沉降点的累计下沉值为累计时间内该沉降点沉降值之代数和。

8.3.3 房屋建筑的沉降监测

(1)周边建筑物调查

在开工前,对施工现场周边不小于 $3H$(H 为基坑深度)范围内建筑物进行普查,根据建筑物的历史年限、使用要求以及受施工影响程度,确定具体监测对象。然后根据所确定的拟监测对象逐一进行详细调查,以确定重点监测部位。

(2)测点布置

①沉降观测点的位置和数量根据建筑物特征、基础形式、结构种类和地质条件等因素综合考虑确定。为了反映沉降特征和便于分析,测点埋设在沉降差异较大的地方,同时考虑施工便利和不易损坏。建筑物沉降点布设如图 8-4 所示。

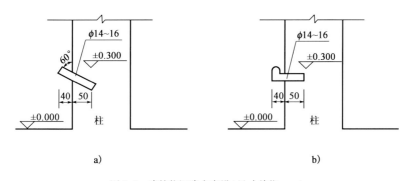

图 8-4 建筑物沉降点布设(尺寸单位:mm)

②沉降观测标志根据建筑物的构造类型和建筑物材料确定,主要选用墙柱标志、基础标志和隐蔽式标志。当不便埋设时,选用射钉或膨胀螺栓固定在建筑物表面,涂红油漆作为观测标志。沉降观测标志埋设时,特别注意保证能在点上垂直立尺和良好的通视条件,同时监测时还要注意:仪器避免安置在有震动影响的范围内和有安全隐患的地点;观测时水准仪成

像清晰,前后视距相近,且不超过50m,前后视观测完毕应闭合在水准点上。

(3)观测方法及精度

工作基点与各建筑物、构筑物、地面点采用二等水准测量,并构成沉降监测网。二等水准测量各项限差要求如下:

①基辅分划读数差≤0.4mm、基本分划所测高差之差≤0.6mm。往返较差及附合或环线闭合差≤$0.7\sqrt{n}$(n为测站数)。

②视线长度≤50m、前后视距差≤1.0m、前后视距累计差≤3.0m、视线高度(下丝读数)≥0.3m。观测时,测点之间必须是偶数站,往返测量的测站数均为偶数站。

同样,外业观测工作完成后,应认真检查观测成果,确保观测成果的可靠性。沉降监测网的计算按最小二乘原理,采用间接平差进行平差计算,并进行精度评定。

各沉降监测点的本次高程$H_i(t)$与首次高程$H_i(1)$进行比较,差值ΔH即为该测点的沉降值,即$\Delta H_i(t) = H_i(t) - H_i(1)$。

每次观测都采用相同的观测仪器、相同的观测人员并按相同的观测路线进行,作业过程中严格遵守规范。

8.3.4 基坑墙体测斜

1)基坑墙体测斜方法

基坑墙体倾斜监测可以采用倾斜位移测量法或倾斜电测法,倾斜位移测量法又分为直接测定倾斜法和通过建筑基础沉降计算倾斜的方法。当被测对象为高耸建筑时,采用直接测定倾斜法,当被测对象为大面积建筑物时,采用测量建筑基础沉降计算倾斜的方法,当有重要建筑物需要连续进行倾斜观测时,可考虑采用倾斜仪进行。

2)倾斜位移测量法

倾斜位移测量法有两种:一是通过测量建筑物基础差异沉降的方法来确定建筑物的倾斜;二是直接测定建筑物的倾斜。

(1)差异位移测量法

先用精密水准测量测定基础两端点的差异沉降量Δh,再按宽度D和高度h,推算上部的倾斜值。设顶部倾斜位移量为Δ,斜度为i,则:

$$i = \frac{\Delta}{h} \tag{8-1}$$

$$\Delta = \frac{\Delta h}{D}h \tag{8-2}$$

(2)直接测定建(构)筑物的倾斜

直接测定建(构)筑物的倾斜主要采用经纬仪投点法,作业方法说明如下:

经纬仪投点法采用测角精度1″经纬仪,在两个基本垂直的方向上进行投点作业。分别测出两个方向上的偏移量,然后用矢量相加的方法即可得到整个建筑物的偏移值。

如图8-5所示,$ABCD$为一建(构)筑物底部,$A'B'C'D'$为其顶部,为了观测AA'的倾斜,在A'处设置明显标志,并测定其高度h,分别在BA、DA的延长线上距A点$1.5h \sim 2h$的地方设置测站M、N。同时在测站M、N安置经纬仪,用正倒镜取中法将A'投影到地面得A,量取倾斜量K,并在两个互为垂直的方向上分别量取Δx、Δy。于是倾斜方向为:

$$\alpha = \arctan\frac{\Delta y}{\Delta x} i = \frac{K}{h} \quad (8-3)$$

投影前,应检校仪器,尤其是照准部水准管的检验与校正。投影时,经纬仪要在固定的测站上仔细对中,并严格整平,对中整平之后,应检查竖轴的垂直情况。方法是旋转照准部,使长水准管与任意两个脚螺旋的连线平行,此时水准气泡应精确居中,然后将照准部旋转180°,此时的水准气泡偏移量不得大于0.5格。

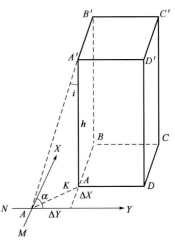

图8-5 直接测定建(构)筑物的倾斜

3)倾斜电测法

(1)观测点设置

建筑主体结构倾斜观测点布置,一般不少于3个垂向观测剖面,每个剖面一般不少于3个观测点,设在主体结构顶部、中部和底部。倾斜仪安装时,先打磨设计安装部位,使其平整;将倾斜仪的安装底座固定在其上,然后将倾斜仪固定在底座上;调整底座上的螺钉,首先使倾斜仪的轴线安装垂直,之后调整底座上的螺钉,调整倾斜仪使基准值接近出厂时的零点或自立倾斜量的正负变化范围值。安装好后,将仪器编号和设计位置做好记录存档,并严格保护好仪器引出线。

(2)数据采集

在基坑或隧道结构开挖前测定初始值,在施工过程中可采用定时观测或跟踪观测。观测时将读数仪与倾斜仪正确连接在一起(注意连接线着色应一致),进行读数。对630型振弦式倾斜仪(精度3″)倾斜值可按下式计算:

$$\theta = K(\Delta F + \Delta F') + B \quad (8-4)$$

式中:θ——被测物的倾角变量(″);

K——倾斜仪的最小读数(″/F);

ΔF——倾斜仪A弦频率模数实时测量值相对于基准值的变化量绝对值(F);

$\Delta F'$——倾斜仪B弦频率模数实时测量值相对于基准值的变化量绝对值(F);

B——倾斜仪的计算修正值(″);频率模数$F = f^2 \times 10^{-3}$。

8.3.5 基坑围护结构顶部水平位移监测

(1) 监测目的

① 及时了解围护结构的最大水平位移量,必要时调整基坑开挖顺序和速度,确保基坑和周围环境的安全。

② 验算支护结构的变形量,反算地层的水土压力。

③ 作为测斜观测计算的起始依据。

(2) 平面控制网的建立和初始值的观测

水平位移监测控制网宜按两级布设,由控制点(基准点、工作基点)组成首级网,由观测点及所联测的控制点组成扩张网。对于单个目标的位移监测,可将控制点同观测点按一级布设。

监测埋设的监测点稳定后,应在基坑开挖前进行初始值观测,初始值一般应独立观测两次,两次观测时间间隔尽可能得短,两次观测值较差满足有关限差值要求后,取两次观测值的平均值作为初始值,水平位移监测则以初始值为观测值比较基准。水平位移变形监测应视基坑开挖情况及时开始实施。

(3) 监测方法

支护结构水平位移监测主要使用全站仪及配套棱镜(基座均带有光学对中器)等进行观测。水平位移的观测方法很多,可以根据现场情况和工程要求灵活应用。常用的测量方法有:视准线法、小角度法、控制网法。结合本项目实际情况,拟采用控制网法。该方法适用于要求测出基坑整体绝对位移量的情况。控制网的建立可根据施工现场通视条件、工程精度要求,采用边角交会、附和导线法等。各种控制网均应考虑图形强度,长短边不宜悬殊。

(4) 水平位移监测主要技术要求

对于一个实际工程,变形监测的精度等级应根据各类建(构)筑物的变形允许值进行估算或参考类似工程进行确定,该项目水平位移监测的精度等级确定为二级。其控制网主要技术要求见表8-3。

水平位移监测控制网的主要技术要求　　表8-3

级别	相邻控制点点位中误差(mm)	平均边长(m)	测角中误差(″)	最弱边相对中误差	主要作业方法和观测要求
Ⅱ	±3.0	150	±1.8	≤1/70 000	按三等三角测量进行

测量采用二等水平位移标准测量,变形点的点位中误差≤±3mm。

8.4 监测数据管理和反馈

8.4.1 监测数据管理

在信息化施工中,监测后应及时对各种监测数据进行整理分析,判断其稳定性,并及时反馈到施工中去指导施工。根据以往经验以及规范的Ⅲ级管理制度作为监测管理基准,如表 8-4 所示。

监 测 管 理 基 准　　　　　表 8-4

管 理 等 级	管 理 位 移	施 工 状 态
Ⅲ	$U_0 < \dfrac{U_n}{3}$	正常施工
Ⅱ	$\dfrac{U_n}{3} \leq U_0 \leq \dfrac{2U_n}{3}$	应注意,并加强监测
Ⅰ	$U_0 > \dfrac{2U_n}{3}$	应采取加强支护等措施

n 的取值,也就是监测控制标准,是根据以往类似工程经验、有关规范规定及招标文件的要求确定。

根据上述监测管理基准,可选择监测频率:一般在Ⅲ级管理阶段,监测频率可适当放大一些;在Ⅱ级管理阶段,则应注意加密监测次数;在Ⅰ级管理阶段,则应密切关注,加强监测,监测频率可达到 1~2 次/d 或更多。

8.4.2 监测数据反馈

信息化施工要求以监测结果评价施工方法,确定工程技术措施。因此,对每一测点的监测结果,要根据管理基准和位移速率(mm/d)等综合判断结构和建筑物的安全状况。为确保监测结果的质量,加强信息反馈速度,全部监测数据及图表均由计算机管理,并向驻地监理工程师、设计单位及监测中心提交监测周报或月报。监测数据反馈程序如图 8-6 所示。

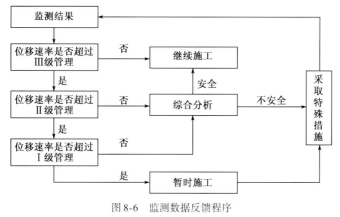

图 8-6　监测数据反馈程序

8.5 监测数据

8.5.1 地下水位监测数据

在地下水位监测点 SW1~SW8 中,累计变化量最大的施工监测点为 SW1 及 SW8,正值表示上升,负值表示下降,其典型变量值如表 8-5 所示。水位观测累计量时序如图 8-7 所示。

SW1、SW8 变量值　　　　　　　　　　　　　　　　　表 8-5

测点 SW1			测点 SW8		
测值(m)	变量(m)		测值(m)	变量(m)	
	本次变量	累计变量		本次变量	累计变量
5.410	0.000	0.000	2.140	0.000	0.000
6.490	-0.005	0.790	2.150	0.01	0.010
6.485	-0.005	0.785	2.200	0.05	0.060
6.485	0.000	0.785	1.950	-0.25	-0.190
6.465	-0.020	0.765	1.670	-0.28	-0.470
6.475	0.010	0.775	1.750	0.08	-0.390
6.455	-0.020	0.755	2.110	0.36	-0.030
6.460	0.005	0.760	2.000	-0.11	-0.140
6.450	-0.010	0.750	2.050	0.05	-0.090
6.475	0.025	0.775	1.420	-0.63	-0.720

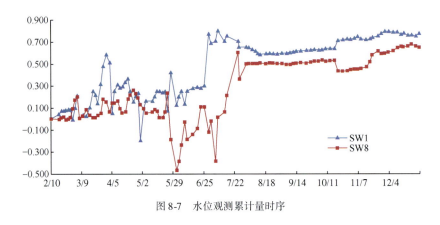

图 8-7　水位观测累计量时序

8.5.2 地表沉降监测数据

在所布置的道路及地表沉降 50 个监测点中,累计变化量最大的施工监测点为 DL13 及

DL24。监测负值表示下降,正值表示上升,其典型变量值如表 8-6 所示。道路观测累计量时序如图 8-8 所示。

DL13、DL24 变量值　　　　　　　　　　　表 8-6

测点 DL13			测点 DL24		
高程(m)	本次下沉(mm)	累计下沉(mm)	高程(m)	本次下沉(mm)	累计下沉(mm)
4.31405	0.00	0.00	4.56453	0	0
4.30357	−0.12	−10.48	4.55235	0.02	−12.18
4.30395	0.38	−10.10	4.55214	−0.21	−12.39
4.30385	−0.10	−10.20	4.55224	0.1	−12.29
4.30397	0.12	−10.08	4.55237	0.13	−12.16
4.30364	−0.33	−10.41	4.55252	0.15	−12.01
4.30359	−0.05	−10.46	4.55269	0.17	−11.84
4.30366	0.07	−10.39	4.55234	−0.35	−12.19
4.30378	0.12	−10.27	4.55226	−0.08	−12.27
4.30369	−0.09	−10.36	4.55247	0.21	−12.06
4.30375	0.06	−10.30	4.55265	0.18	−11.88
4.30346	−0.29	−10.59	4.5526	−0.05	−11.93
4.30339	−0.07	−10.66	4.55289	0.29	−11.64

图 8-8　道路观测累计量时序

8.5.3　房屋沉降监测数据

房屋沉降检测布点有 47 个,涵盖周边的居民楼、东西侧商铺、幼儿园、建设银行等重要建筑物,其中累计沉降最大的为 FW18 及 FW19。监测负值表示下降,正值表示上升,其典型变量值如表 8-7 所示。房屋沉降累计变形时序如图 8-9 所示。

FW18、FW19 变量值　　　　　表 8-7

测点 FW18			测点 FW19		
高程(m)	本次下沉(mm)	累计下沉(mm)	高程(m)	本次下沉(mm)	累计下沉(mm)
4.80259	0.00	0.00	4.8716	0	0
4.79340	-0.17	-9.19	4.8608	-0.23	-10.77
4.79332	-0.08	-9.27	4.8606	-0.19	-10.96
4.79326	-0.06	-9.33	4.8606	-0.01	-10.97
4.79367	0.41	-8.92	4.8606	0.01	-10.96
4.79358	-0.09	-9.01	4.8608	0.22	-10.74
4.79230	-1.28	-10.29	4.8609	0.07	-10.67
4.79369	1.39	-8.90	4.8609	0.04	-10.63
4.79378	0.09	-8.81	4.8611	0.12	-10.51
4.79351	-0.27	-9.08	4.8611	0.02	-10.49

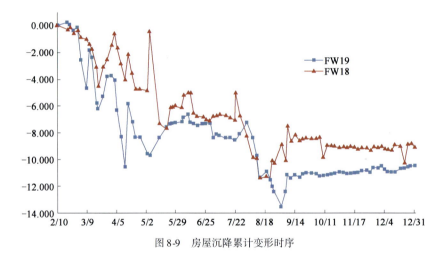

图 8-9　房屋沉降累计变形时序

8.5.4　基坑墙体测斜数据

基坑墙体测斜的监测点设置在 16 个孔洞中,其中变化最大的是 CX7 孔洞的监测数据。监测负值表示向基坑外的位移,正值表示向基坑内的位移,其典型变量值如表 8-8 所示。测斜 CX7 孔的位移如图 8-10 所示。

基坑墙体测斜变量值　　　　　表 8-8

测点 CX7		
测量日期	累计最大位移深度(m)	累计最大位移(m)
2010/6/17	0.0	0.00
2010/7/5	0.5	-0.72
2010/7/17	1.0	0.28

续上表

测点 CX7		
测量日期	累计最大位移深度(m)	累计最大位移(m)
2010/7/17	1.0	0.28
2010/8/3	5.0	0.70
2010/8/17	7.0	3.65
2010/9/1	9.0	8.27
2010/10/24	9.0	9.71
2010/11/10	9.0	9.41
2010/12/1	9.0	9.29

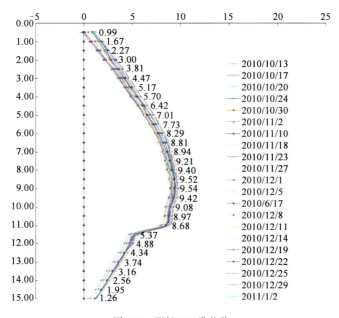

图 8-10　测斜 CX7 孔位移

8.5.5　基坑围护结构顶部水平位移监测数据

基坑围护结构顶部水平位移监测点设有 15 个，监测的初始日期为 2010 年 4 月 1 日到 2011 年 1 月 8 日，累计 276 天，监测结果如表 8-9 所示。

墙体水平位移变量　　　　　　　　　　　　表 8-9

测点编号	坐标	上次(12-31)累计位移(mm)	2011 年 1 月 8 日		本次累计位移(mm)	位移方向
			坐标(m)	位移量(mm)		
WY1	X	-22.6	16536.5252	2.9	-21.58	X 正向基坑外
	Y	-7.7	113794.1620	-4	-12.30	X 负向基坑内
WY3	X	-14.9	16500.6452	3.1	-8.20	X 正向基坑外
	Y	8.3	113954.2128	-1.6	4.00	X 负向基坑内

续上表

测点编号	坐标	上次(12-31)累计位移(mm)	2011年1月8日 坐标(m)	2011年1月8日 位移量(mm)	本次累计位移(mm)	位移方向
WY2	X	-5.6	16548.3149	-0.7	-9.30	X正向基坑外
	Y	-2.3	113835.9728	-4.4	-9.10	X负向基坑内
WY5	X	1.1	16434.1335	-2	3.50	Y正向基坑外
	Y	5.7	113946.7455	1.1	4.30	Y负向基坑内
WY6	X	9.3	16390.4618	-3.7	8.70	Y正向基坑外
	Y	-14.2	113931.3302	0	-15.60	Y负向基坑内
WY7	X	8.4	16357.1483	2.4	12.10	Y正向基坑外
	Y	6.1	113919.5099	-4.8	3.90	Y负向基坑内
WY9	X	3.4	16355.8169	3.3	3.60	X正向基坑内
	Y	1.4	113850.6491	1.7	0.95	X负向基坑外
WY10	X	3.9	16370.1580	2.8	7.30	X正向基坑内
	Y	-4.7	113810.2164	0.2	-0.90	X负向基坑外
WY11	X	0.9	16384.2155	2.1	1.50	X正向基坑内
	Y	1.9	113770.3303	-2.5	1.14	X负向基坑外
WY12	X	-1.9	16415.3817	4.3	0.90	Y正向基坑内
	Y	-6.5	113751.8549	8.1	-2.40	Y负向基坑外
WY13	X	9.4	16456.1599	0.9	9.40	Y正向基坑内
	Y	17.0	113766.2328	4.7	16.99	Y负向基坑外
WY14	X	0.2	16493.4450	-1.8	-6.10	Y正向基坑内
	Y	4.3	113779.4302	-4	-3.40	Y负向基坑外

8.5.6 监测结论

由上述各项监测成果时序图(各项监测数据的日变速率和累计值均在警戒值范围内),并结合现场巡视记录,可知该工程结构和周边环境变形均在设计控制范围内,施工效果良好。

第9章 绿色施工与环境可持续发展

9.1 绿色施工概述

9.1.1 研究背景

建筑业是从事建筑生产经营活动的物质生产部门,建筑业的工作范围一般包括各种房屋及构筑物的营造,设备安装,房屋维修以及与之相关的咨询、规划、勘察、设计工作。建筑业是以大量消耗自然资源并制造沉重的环境负面影响为代价的,在建筑物与构筑物的建造和使用过程中,消耗了大量的自然资源和能源,同时增加了环境负荷,人类从自然界所获得的50%以上的物质原料将用于建造各类建筑及其附属设备,而这些建筑物在建造和使用过程中又消耗了全球50%以上的能量;因工程建设而产生的空气污染、光污染、电磁污染等占环境总体污染的34%,所产生的建筑垃圾占人类活动所产生垃圾总量的40%以上。

为了真正实现社会经济与文明的可持续发展(sustainable development),务必在基本建设实施过程中大力倡导绿色建筑,扎实推进绿色施工,选择有利于节约资源和保护环境的产业结构和生产方式,为构建和谐社会奠定坚实的物质基础。

基于可持续发展战略的实施和环境保护的要求,20世纪70年代产生了绿色建筑理论,绿色建筑提倡自然、人类和建筑和谐与统一,紧扣可持续发展战略与和谐社会的历史要求,大力倡导兴建绿色建筑,符合当今世界建筑业发展的主流,按照绿色建筑理念设计和建造的建筑物,方可真正满足现代化建筑舒适、方便、健康的功能需求,并且实现保护生态环境和节约能源的目标。

在基本建设过程中推行可持续发展战略,践行绿色建筑理论,主要体现在工程建设生产过程中,施工建设阶段则是其最重要的一环。工程项目的建筑施工具有生产周期长、资源和能源消耗量大、建筑垃圾产生多的特点,施工阶段是将规划设计的图纸实现为建筑物实体的过程,必将大规模地改造自然生态环境、消耗自然资源和能源。可见,对施工全过程进行控制和管理,提倡节约能源、降低消耗、减少废弃物的产生和排放,实现绿色施工,对于大力推行建筑业的可持续发展战略,推广绿色建筑理论有着十分重要的作用。

绿色施工是社会化、系统化、信息化和一体化的高度统一,是高水平施工部署与工艺技术的体现,绿色施工通过科学有效的控制手段与管理方法,最大程度地减少施工活动的负面影响,降低资源与能源的消耗,推行绿色施工是实现可持续发展的必由之路。

践行可持续发展战略,构建和谐社会,建筑业从业人员肩负着重大的社会责任,推行绿色施工正是建筑行业承担社会责任的具体体现。现阶段施工过程中管理和操作系统的复杂性,加之科学、统一、完善的绿色施工评价体系尚未建立,使得绿色施工的推广缓慢。构建完整、科学、合理、适用且得到建筑业广大执业人员认可的绿色施工评价体系,准确界定或评价工程项目推行绿色施工的水平,是土木工程建造与管理领域研究者的时代使命;构建绿色施工评价体系,开展绿色施工评价还可为政府或承建商建立绿色施工行为评价准则,为推进绿色施工提供指导,端正其发展方向。

9.1.2 研究意义

为了实践可持续发展战略,开展绿色建筑理论研究和工程实践,在工程建设全过程中实现绿色施工,构建基于施工全过程分析的绿色施工评价体系;对工程项目建设的绿色化生产予以理论指导与科学衡量,达到在工程项目建设中开展绿色施工,有章可循,有法可依;在建筑行业执业人员群体中,树立起践行绿色施工,力求节能减排,实现和谐发展的意识,其重要性与必要性不言而喻。

(1)准确界定绿色施工的概念与内涵,推进绿色施工

绿色施工的概念最早出现于20世纪中叶,鉴于当时的社会生产力发展水平,其含义比较模糊,建筑业执业人员易将绿色施工与文明施工混淆。随着国家发展战略方针、政策更迭,现代工程建设施工技术、工艺水平的发展,绿色施工的内涵也不断深化,本书所指的绿色施工除全面涵盖文明施工外,还包括采用环保型的施工工艺和技术,达到节水、节电、节材、节地的目的。综上所述,绿色施工对工程建设的要求明显高于文明施工,是现代化工程建设施工技术、工艺水平的集中体现。

规范绿色施工的概念与内涵,构建起科学、完整、动态、适用且得到建筑业广大执业人员认可的绿色施工评价体系,准确界定或评价工程项目推行绿色施工的水平,是推进绿色施工的前提条件。建立绿色施工行为评价准则,为推进绿色施工提供理论指导,端正其发展方向。

(2)构建绿色施工评价体系,提高企业管理水平

倡导绿色建筑,推行绿色施工,即要求政府行政管理部门加强建设,同时也要求建筑企业积极参与。构建绿色施工评价体系,必然对建筑企业的管理水平与层次提出了全新的要求,能够促使建筑企业加强管理,达到科学、高效组织工程建设的要求,提倡创新管理方法、优化管控流程、提高生产效率,实现工程建设全过程精细化管理,并且更新现有的生产方式。

构建绿色施工评价体系,大力推广应用新型环保材料和节能型机械设备,应用科学、先

进的施工技术与工艺,加强信息化、全程化、一体化工程建设信息技术的应用,大力推广建筑构件预制标准化,扩大建筑工业化生产的比重,搭建密切联系生产实践的企业技术创新平台,增强企业自我创新、集成创新、引进消化吸收再创新的能力,彰显建筑行业技术革新对提高劳动生产水平的促进效应。

构建绿色施工评价体系,对施工现场一线执业人员的综合素质提出了新的要求,重视并加强工人的再教育与技术培训,提高建筑行业从业人员的整体素质,为贯彻落实绿色施工奠定基础。

(3) 开展绿色施工评价,构建绿色建筑

绿色建筑是在建筑全寿命周期内实现节能、环保和可持续发展理念的建筑产品,而在施工建设全过程中实施绿色施工则是重中之重,不能达到绿色施工,就无法实现绿色建筑。绿色施工评价是实现绿色建筑的重要手段,只有建立起科学、合理、适用的绿色施工评价体系,才能促进建筑业良性发展,生产出真正的绿色建筑产品。

9.2 绿色施工理论

9.2.1 绿色施工理论基础——清洁生产

20 世纪 80 年代末期,面对环境破坏日趋严重、资源日趋短缺的局面,工业发达国家在对其经济发展过程进行反思的基础上,认识到不改变长期沿用的大量消耗资源和能源来推动经济增长的传统模式,单靠一些补救的环境保护措施,是不能从根本上解决环境问题的,解决的办法只有从源头全过程着手。为此,工业发达国家的工业污染控制战略出现了重大变改,其核心内容就是以预防污染战略取代以末端治理为主的污染控制政策,美国环保局最初称之为"废物最少化",联合国环境规划署称之为"清洁生产"。如今,清洁生产已成为国际社会的热门议题,清洁生产的概念贯穿于 1992 年巴西联合国环境与发展大会通过的《21 世纪议程》之中,被公认为是一项实现环境与经济协调发展的环境战略,是实现可持续发展的关键因素,已成为 21 世纪工业发展的新模式。

联合国环境署对清洁生产作出定义:清洁生产是指将综合预防的环境策略持续应用于生产过程和产品之中,以期减少对人类和环境的风险。对生产过程,清洁生产包括节约原材料和能源,淘汰有毒原材料并在全部排放物和废物离开生产过程以前,减少它们的数量和毒性。对产品而言,清洁生产策略旨在减少产品在整个生命周期中从原料提炼到产品的最终处置对人类和环境的影响。《中国 21 世纪议程》对清洁生产的定义是:清洁生产是指既可满足人们的需要,又可合理使用自然资源和能源并保护环境的实用生产方法和措施。其实质是一种物料和能源最少的人类生产活动的规划和管理,将废物减量化、资源化和无害化,或消灭于生产过程之中。同时对人体和环境无害的绿色产品的生产亦将随可持续发展进程的深入而日益成为今后产品生产的主导方向。清洁生产的定义涉及两个全过程控制,即生产过程和产品整个生命周期的循环过程。《中华人民共和国清洁生产促进法》对清洁生产的定义是:清洁生产是指不断采取改进设计、使用清洁的能源和原料、采用先进的工艺与设备、改善管理、综合利用等措施,从源头消减污染,提高资源利用效率,减少或者避免生产、服务和产品使用过程中污染物的生产和排放,以减轻或者消除对人类健康和环境的危害。

美国是世界上较早提出并实施清洁生产的国家,在1984年通过的《资源保护与回收法——有害和固体废物修正案》中提出,要在可能的情况下,尽量减少废物的产生;1988年,美国环保局颁布了《废物最小化机会评价手册》,系统地描述了采用清洁生产工艺(少废、无废工艺)的技术可能性,并给出了不同阶段的评价程序和步骤;在最初"废物最小化"的基础上,1990年10月,美国国会通过了《污染预防法》,其目的是把减少和防止污染源的排放作为美国环境政策的核心,要求环保局从信息收集、工艺改革、财政扶持等方面来支持实施该法规,推进清洁生产工作。

加拿大政府通过广泛的政策协调,将清洁生产与污染预防紧密结合起来,并形成了有效的政策体系。如在由联邦、各省和地区政府采纳的1993年加拿大空气质量管理综合框架中,将污染预防原则纳入了各项原则中,规定防治与纠正行动将建立在预防原则、可靠的科学性等的基础上;将环境、经济和社会问题紧密地结合起来,从多角度考虑问题,制定了相应的清洁生产政策和法规,使政策的实施发挥了应有的作用,有效地避免了负面影响。如加拿大绿色计划中采用了对长期存在的有毒物质进行管理的方法,加拿大涉及环境保护和可持续发展的政策通常是以法律的形式出现,包括指南,这就有效地规范了清洁生产等行为,其相应的监督管理职能由其执法部门履行。

德国在清洁生产活动中采取了务实的态度,如在污染预防方面采用了基于技术的方法(称为可获得的最好的技术),并将经济可行性作为一个限制因素。为鼓励企业实施清洁生产,政府给予一定量的资金援助与扶持,并建立了一系列优惠的激励政策和措施,鼓励企业从清洁生产中获得环境、经济和社会效益,实施清洁生产标志制度。

韩国政府和工业界对清洁生产的认识较高,非常重视清洁生产活动。政府的污染防治政策,包括清洁技术的使用,是通过"通知"或"法案"实施的。例如,1992年通过了《关于促进资源节约与重复利用的法案》;1995年颁布了《环境标志标准的通知》,该通知提出了环境友好产品和清洁产品认证体系;1994年通过了《关于环境技术开发与支持法案》,目的在于促进环境技术的开发。其清洁生产活动的政策支持手段主要包括财政支持(研究与开发拨款和贷款、先进工艺技术开发项目拨款和贷款等)、生态标志体系、清洁技术开发奖励、信息等方面的支持措施及各种支持计划等。

我国政府十分重视清洁生产,1994年将清洁生产明确写入《中国21世纪议程》,并具体落实在首批优选项目之中。1992年,国家环保局制定出全国推广清洁生产行动计划。1993年,第二次全国工业污染防治会议进一步指出了工业企业开展清洁生产的重要性,明确指出推行清洁生产是我国20世纪90年代工业可持续发展的一项重要战略性举措。我国在先后颁布和修改的《大气污染防治法》《水污染防治法》《固体废物污染防治法》和《淮河流域水污染防治暂行条例》等法规中,均将实施清洁生产作为重要内容,明确提出通过清洁生产防治工业污染。各部门在制定"九五""十五"规划时,也将推行清洁生产、防治工业污染作为重要内容予以考虑。国家环保总局、国家计委、国家经贸委在研究制定的《国家环境保护"九五"计划和2010年远景目标》中,将依靠科技进步推行清洁生产作为防治工业污染、实现总量控制、治理"三河""三湖"的重要措施。国家环保总局于1997年4月发布了"关于推行清洁生产的若干意见"。"意见"从转变观念、提高认识、加强宣传、做好培训、突出重点、加大力度,相互协调、依靠部门,结合现行环境管理制度,加强国际合作等方面提出了要求。"意见"为如何结合现行环境管理制度的改革、推行清洁生产提出了基本框架、思路和具体做法。2003年1月1日,《中华人民共和国清洁生产促进法》颁布实施,该法共六章、四十二条。第一章总则,包括立法目的、清洁生产定义、适用范围、管理体制等;第二章清洁生产的推行,规定了政府及有关部门推行清洁生产的责任;第三章清洁生产的实施,规定了生产经营者的清洁生产要求;第四章鼓励措施;第五章法律责任;第六章附则。

9.2.2 绿色施工概念

绿色是生命的象征,将绿色理念引进建筑领域,意味着自然生态系统的良性循环。"绿色施工"是继"绿色建筑"在全球范围内实施普及之后,伴随着生态建筑、节能建筑和绿色建筑的蓬勃发展,由结构设计师与建造工程师将可持续发展理念引入到结构设计和施工阶段,适时提出的全套绿色设计、建造理念和方法。

绿色施工的思想源于建筑物的全生命周期生产,由原料生产、规划设计、施工建造、运营维护和报废拆除等阶段构成,其中施工建造是建筑物全生命周期中实现建筑产品绿色生产过程的核心环节,是建筑生产企业组织按照绿色设计要求,使用环保物料和节能机具,通过绿色施工工艺过程,将图纸上虚拟的"绿色建筑"建造成为"绿色建筑"实体的生产过程,在建筑行业贯彻可持续发展理念,务必着眼于建筑施工建造阶段,实现有的放矢。

绿色施工是以保持生态环境平衡、节约资源能源、减少废弃物排放为目标,以严格控制土木工程产品质量为前提,对项目施工建设所采用的技术和管理措施进行优化,扎实贯彻,确保工程项目的施工建造过程实现安全高效的方式方法,简而言之,即在土木工程产品的生产过程中实现"四节一环保"(节能、节地、节水、节材和环境保护)。本书将绿色施工定义为通过切实有效的管理制度和工作制度,最大程度地减少施工活动对环境的不利影响,减少资源与能源的消耗,实现可持续发展的施工技术。

绿色施工即贯彻"四节一环保"的可持续发展理念,以建筑全寿命周期经济效益为出发点,改进传统的管理范式,统筹规划施工全过程,在工程施工建造阶段,利用经济、节约、安全、可靠的施工方案,创新施工技术,改革高能耗的施工工艺,推广使用新型环保材料,在严格确保工程安全和质量的前提下,从土木工程产品生产的全过程出发,控制建筑全寿命成本,降低工程能耗,以实现为社会建造绿色建筑的施工过程。绿色施工的关键在于"资源的有效利用",包括如图9-1所示的5项主要内容。

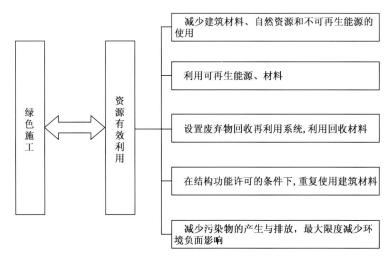

图9-1 绿色施工主要内容

绿色施工技术(亦称可持续施工技术)意在贯彻可持续发展思想的施工方法或技术。本书所述的绿色施工技术不是独立于传统施工技术的全新技术,而是用"可持续发展"的视野对传统的高能耗施工技术的重新审视,是符合可持续发展战略的新一代施工技术。

绿色施工技术对于现阶段的土木工程产品生产而言,并不是全新的思维爆炸,常见的降低施工噪声、减少施工扰民、减少建筑材料损耗等绿色施工举措,在大多数施工现场都会引起承建单位的重视,并通过高水平的组织管理来实现。本书所指的绿色施工,是可持续发展思想在工程项目施工建设中的应用重点,将贯彻"绿色施工"的工程项目建设生产方式作为一个整体,系统化地运用于工程项目施工建设中去,实施绿色施工,以便在整个工程建设项目的建造过程中对环境、资源造成尽可能小的影响。

绿色施工是在工程建设过程中实践可持续发展战略的具体途径,是绿色施工技术的综合应用。绿色施工涉及可持续发展思想的主要环节,包括且不限于生态平衡与环境保护、资源与能源的持续利用、社会经济的平稳和谐发展等。实施绿色施工应遵循其本身固有的原则,务必在工程项目建设过程中实现减少场地干扰,尊重基地环境,结合气候施工,节约资源能源,减少环境污染,实施科学管理,保证施工质量。

9.2.3 绿色施工的特点

绿色施工是在传统施工建设基础上,按科学发展观及可持续发展理念,对传统施工工艺技术体系进行创新和提升,实现"高效、低耗、环保"的施工模式。绿色施工是以绿色技术(施工过程中对环境的负面影响降至最低)为手段、绿色经济(贯彻可持续发展理念)为基础、绿色环境(健康、舒适、低耗、无害空间)为目标、绿色成本控制(保证质量和安全)为着力点的科学管理模式,是高效率、保环境、适应生态、不破坏生态的现代施工模式。

绿色施工有别于传统的施工方式,具有鲜明的可持续发展特点:

(1)绿色施工追求科学发展观及可持续发展理念提出的"高效、低耗、环保"的综合效益。在工程建设过程中,要求建造者做到经济效益、社会效益、环境保护有机统一,并坚持环保优先原则。

(2)绿色施工在工程建设施工过程中要求节约资源、节约材料、节约用水、节约施工临时用地、节约能源,同时对建筑生产的各类副产物进行降解、消化和循环利用。

(3)绿色施工在工艺技术上,提倡应用促进生态系统良性循环、减少污染环境、高效节能和节水的建筑技术新工艺。

9.2.4 绿色施工的应用价值

在建筑业推行绿色施工是可持续发展战略的具体实施,是中国建筑企业走向国际市场的必然途径,其应用价值可以归纳为以下几点:

(1)绿色施工有利于可持续发展和环境保护

我国年建筑量世界排名第一,资源消耗总量增长迅速,而许多资源的人均拥有量居世界平均水平以下。统计数字表明,在46种支持性资源中,到2010年我国只有20种资源能够自给,而到2020年就只有6种资源能够自给,其余大量要依靠进口。建筑活动是人类对自然资源、环境影响最大的活动之一,在建筑领域中,遵循可持续发展原则,将对人类实现可持续发展发挥极其重要的作用。绿色施工是以可持续发展思想为基本宗旨的施工方法,在施工过程中最大程度地减少施工活动对场地及周围环境的不利影响,严格控制噪声污染、光污染和大气污染。建筑企业要把发展和环保的矛盾统一起来,一个非常有效的途径就是实施绿色施工。

(2)绿色施工是建筑企业与国际市场接轨的保障

中国加入WTO以后,根据《政府采购协议》,世界贸易组织的所有成员将向我国国际工程承包企业开放其政府公共项目市场,我国企业进入国际市场的机会增加了。同时,我国的建筑市场也相应得更加开放,我国政府项目也将对等地对外开放。其结果将使我国的大型建筑企业面临争夺国外市场和国内市场的双重压力。随着全球经济一体化的到来,环境政策对国际关系的影响越来越大,各种各样的大小环境条款纷纷出台。国际环境公约、世贸组织中的环境条款、国际环境管理体系系列标准(ISO14000)、绿色标志制度、出口国国内环境与贸易法规,进口国环境与技术标准等的建立,一方面有利于环境保护和可持续发展,另一方面又可能构成绿色壁垒的渊源。在这些条款中,世贸组织中的环境条款对于我国而言尤为重要。国际贸易中绿色贸易壁垒的推行,已经给我国建筑企业的国际化经营造成了影响。实践证明,推行绿色施工,开发绿色产品,争取绿色认证,是打破发达国家的绿色贸易壁垒,进入国际市场的唯一选择。我国建筑企业只有推行绿色施工,使生产和服务达到国际环境管理标准,才能真正与国际市场接轨,赢得国际竞争。

(3)绿色施工是ISO14000认证的具体实施

ISO14000是国际标准化组织继ISO9000之后推出的第二个管理性系列标准。污染预防和持续改进是ISO14000的基本思想,它要求企业建立环境管理体系,使其活动、产品和服务的每一个环节的环境影响最小化,并在自身的基础上不断改进。国际企业集团为了增加竞争力、美化企业形象、提高管理水平,争相取得该认证,以向消费者展示其企业实力和环保态度。ISO14000认证体系在国际贸易中被称为绿色通行证,是发达国家经常采用的一种技术壁垒,未符合该认证的企业在国际市场上将寸步难行。取得该认证,即意味着企业的绿色管理质量得到国际社会的承认。绿色施工强调最大程度地减少施工活动对环境的不利影响,减少资源与能源的消耗,实现可持续发展的要求,正是ISO14000环境体系的具体实施。

(4)绿色施工可以节约资源和能源,降低成本

绿色施工的目的是提高施工过程中能源利用效率,节约能源,减少材料和资源的消耗。组织施工时制定节能措施,采用高效节能的设备和产品,改进施工工艺,技术经济条件适宜时增加对可再生能源的利用,最大限度地利用场地现有资源,对建筑施工废弃物尽量回收利用。例如绿色施工可以采用以下有效的措施督促与促进材料的合理使用和节约使用:

①改进施工工艺,缩短工期。

②对施工材料进行科学管理,随时掌握各种材料的用料信息,周转材料维护良好。

③尽可能回收利用施工过程中产生的建筑废弃物。

④临建设施尽量利用场地原有建筑或使用便于拆卸、可重复利用的材料。

⑤比较实际施工材料消耗量与计算材料消耗量,提高节约材料率。

通过各种节能降耗措施的实施,绿色施工可以做到节约能源和资源,降低成本。如北京市某一大型建设项目,建筑面积约1.5万m^2,该项目投资方聘请了美国一家环境投资管理顾问有限公司为技术人员和施工承包商提供绿色建筑和绿色施工咨询服务。通过一系列绿色设计和绿色施工方案的实施,该项目最终获取了由美国绿色建筑委员会(USG-

BC)所颁发的 LEED 绿色建筑认证,该建筑物在环境管理、节水、能源和环境、材料和资源及室内环境质量各个方面均达到国际绿色环保标准。其 LEED 评分标准类别各占总分比例为可持续发展环境管理 22%,节水 8%,能源与环境 27%,材料和资源 20%,室内环境质量 23%。

(5)绿色施工是提高企业竞争能力的有效途径

随着建筑市场竞争的日益加剧,早期作为企业负担的环境保护问题已经成为继质量、成本、进度、服务四大竞争要素之后,与企业竞争力密切相关的第五种竞争要素。因此,企业竞争力与环保要素形成了函数关系。绿色施工过程是可持续发展思想在施工过程中的贯彻执行过程,它的目的便是最大程度地减少施工活动对环境的不利影响。推行绿色施工的建筑企业市场竞争力提高,社会信誉提升,经济效益良好,表明绿色施工是一种先进的技术,正在被越来越多的建筑企业所重视。

随着奥运工程建设项目绿色施工的实施,绿色施工必将在建筑企业被全面推广,这种全新的施工理念也将带给建筑企业经济、社会、环保等多重的应用价值。

9.3 益田项目可持续措施

9.3.1 项目背景

本项目是地铁三号线益田村地下停车场泄水减压、无撑、无锚、环板逆筑法、叠合结构、混凝土自防水集一体的节能节资,节省运营成本成功案例的后续配套工程。本方案适用于地铁三号线益田村地下停车场泄水减压所溢出的地下水,经净化处理后成为直饮水,是目前国内第一个全过程环保经济适用工程。该二级反渗透地下水淡化除盐水系统处理能力为 1.75m³/h,也就是整个地下水淡化、除盐系统由超滤预处理系统、二级反渗透淡化系统系统构成,经过处理后的产水水质达到国家直饮水的水质标准。

本项目主要通过如图 9-2 所示三种途径响应节能、节材、减排的号召,通过精确的计算,选择无撑无锚的控制泄排水抗浮措施节约建筑材料和减少二氧化碳排放;不使用抗拔桩,不仅减少了基底暴露时间,及时封闭底板,有利于基坑施工的安全也节约了工期 3~4 个月,也有效地达到节材的目的;最后将抽取出的地下水综合利用,不仅解决园林灌溉问题,

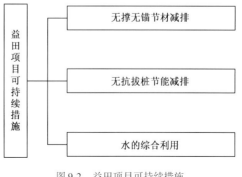

图 9-2 益田项目可持续措施

而且进一步解决附近近20000人的饮水问题。

9.3.2 无撑无锚节材减排

本深基坑降水采用管井降水与基坑排水沟相结合的方法,基坑开挖采用中心岛法。先开挖中心岛范围内土方,中心岛范围内土方由南往北放坡开挖,挖掘机直接装运出土。中心岛范围内土方开挖完毕后,施工中心岛范围内车库结构,待中心岛范围内结构施工完毕后,施工盖挖逆作段顶板,暗挖负一层、负二层土方,该部分土方开挖采用小型挖掘机配合小型自卸汽车进行挖土转运至出土口,出土口处土方采用挖掘机倒运出基坑。

通过逆作法施工,减少了支撑和锚杆的使用(图9-3),一方面节约了材料的使用,我国人均资源本来就较少,而建筑行业作为一个高投入、粗放型的产业,对资源的消耗相对较多,因此如果能够切实减少建设过程中的材料消耗,势必符合生态文明的发展观;另一方面有效地减少了二氧化碳的排放,众所周知,发展中国家为了取得经济的较快发展,必须以高排放和高资源消耗为代价,而建筑行业的碳排放所占比重较大,使得建筑业成为了当前我国节能减排的重点领域之一,因此做好建筑节能是当今社会更是长远的一项重要工作,是社会中每个人应尽的责任,实施建筑节能控制能源消耗必将推动社会迈入一个崭新的发展阶段。

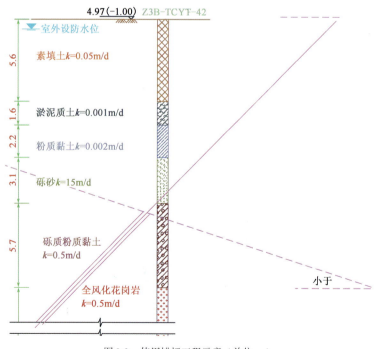

图9-3 使用锚杆工程示意(单位:m)

因此,逆作法节材减排的做法既符合节能减排的需要,也顺应全球化低碳环保的发展趋势。

9.3.3 无抗拔桩节能减排

本工程地下连续墙进入了基坑底下的弱透水层并基本切断了基坑内、外的水力联系;地下水只能通过弱透水层绕流过地下连续墙到达底板下。通过在底板下设置反滤层排泄一部分地下水、控制底板下地下水的压力,使地下车库的水浮力与结构自重及覆土重达到一定的平衡,从而解决抗浮问题。不需设置抗拔桩及锚杆等结构工程,只需增加过滤水、排水工程的一次性投资及后期维护成本,较锚杆及抗拔桩抗浮方案减少投资2000多万。

结构抗浮问题一般采取的措施有以下两种:

(1)锚杆抗浮

采用$\phi180$预应力锚杆,按$2.1m \times 2.1m$布置,抗拔设计承载力特征值为400kN,数量约5500根,根据地质报告计算需进入强风化岩层。由于锚杆截面小,表面积与体积之比大,施加预应力后增加了应力腐蚀的因素,容易受到腐蚀,因此,由于截面小,不易振捣密实,需要采取压力灌浆等措施保证成桩质量。在本工程的环境中,锚杆的防腐处理工作量也很大,费用相应提高。锚杆抗浮方案可略减底板厚度$100 \sim 200mm$,在造价上以一个柱网$8.4m \times 8.4m$计,需锚杆15根,锚杆长度约为20m,一个柱网的抗浮造价约为9万元。

(2)钻(冲)孔灌注桩抗浮

采用传统$\phi1000$钻(冲)孔灌注桩抗浮,桩按$4.2m \times 4.2m$布置,抗拔设计承载力特征值为1200kN,桩端进入全风化花岗岩不小于7m,由于桩直径较大,相对表面积与体积之比较小,受地下水的腐蚀影响小,由于布置间距大,能比较充分地利用承压桩的抗浮能力,同时截面大,成桩质量更有保证,无需采用特别措施。从造价上看,以一个柱网$8.4m \times 8.4m$计,需钻孔桩3根,桩长约为15m,一个柱网的造价约为8万元。

从上述对比中可以发现,本工程通过采用控制泄排水抗浮的新工艺,不但节约了造价,更因为不使用抗拔桩而节省了大量原材料并降低碳排放。抗拔桩所需要的钢筋、水泥、混凝土都需要大量的原材料并且从生产、加工、运输到使用每个过程都要排出大量二氧化碳,不利于生态工程的实施,也不利于低碳环保理念的推行。

因此,本项目控制泄排水抗浮的新工艺,不但有效控制了碳排放,而且节约了资源。其符合生态文明建设的要求,有利于推动建筑行业向绿色、低碳建筑方向发展。

9.3.4 水的综合利用

1)地下水资源的特点

(1)不可再生性

全世界地下水储备量约为$2.312 \times 10^{16} m^3$,占地球水总储量的1.7%。我国地下水总资

源量约为 $8.700 \times 10^{11} m^3$,可开采量约为 $1.241 \times 10^{11} m^3$,其更新周期为 1400 年,远远大于其他可用水资源,也就是说绝大部分地下水资源是难以再生的。因此在开发利用地下水时必须考虑到其难以再生性,它不宜作为持续稳定的供水水源。

(2)系统性

地下水资源的整个含水系统是一个统一联系的整体,在含水系统的任一部分加入(补给)或排出(排泄)水量,将影响整个含水系统。因此,对地下水资源开发和利用必须依据地下水的固有特性,合理开发,综合利用,保持水资源的平衡。

2)我国地下水资源开发利用中的问题

(1)过量开采地下水造成城市地下水资源短缺

由于地下水具有水量稳定、水温低、水质好,不易受污染和开采成本低等优点,我国已有供水系统的 300 多个城市中,地下水已成为城市主要的供水水源,这在北方城市中尤为突出,且超采现象非常严重。

据统计,华北 27 个城市,日总用水量 $7.82 \times 10^6 m^3$,,其中地下水约为 $6.86 \times 10^6 m^3$,占总用水量的 87%。由于城市供水和工业水源地集中,强力开采地下水,造成各主要供水地段的地下水超采,使地下水位迅速下降,形成地下水沉降漏斗,不合理动用了难以恢复的地下水静储量,导致地下水水位严重下降,局部地区疏干的不良局面,给城市的供水带来严重影响,严重制约城市的经济发展,给人民生活带来严重影响闭。

(2)地面沉降

地面沉降是由于不合理开采地下水而使砂层压密及黏性土固结、次固结,引起的区域性地面标高降低的一种环境地质现象,它具有成灾缓慢、持续时间长、影响范围广、成因机制复杂和防治难度大的特点,往往对城市规划、建设、经济发展和人民生活构成威胁。

(3)生态灾难

地下水的超采,还可形成地下水位降落漏斗。据资料,全国已形成面积较大的区域性降落漏斗 56 个,总面积达 9 万 km^2。仅河北省就形成 20 多个漏斗区,总面积达 4 万 km^2。区域地下水下降使平原或盆地湿地萎缩甚至消失,地表植被破坏,导致生态环境退化;地下水水位的下降,还使许多具有地方特色的名胜和旅游资源遭到破坏。目前,太行山前许多泉水已经断流,甚至枯竭。

(4)地下水资源浪费严重

我国水资源浪费问题相当严重,据国家权威部门发布,我国的万元工业产值耗水量是发达国家的 10~20 倍,每公斤粮食的耗水量是发达国家的 2~3 倍。农业是用水大户,同时农业生产过程中水资源浪费问题也最为突出,我国多数地区保持传统的灌溉方式,灌溉定额居高不下,灌溉水有效利用率只有 30%~40%,仅为发达国家的一半左右。工业用水量的浪费也很大,大部分城市工业用水重复利用率平均在 40% 左右,远低于发达国家 70% 以上的水平。

(5)工程建设完毕后,在运营过程中对地下水资源的影响

地表的城市工程建设完毕后,在运营的过程中,人类在这个过程中对地下水的影响还比较难以表现出来。但是城市的地下工程建筑却是会很明显地体现出来,这种影响可以通过一个比喻进行表述:假如说地下水径流是一个细钢管,那么地下工程建筑就是横切了这根钢管的一个大铁钉。这带来的后果就是要么地下水的径流被迫上抬,或者是下移,反正径流方向已经发生了重大的改变。另外,地下径流被截断了,很有可能造成一个地区内的地下水成为死水,这种情况当然是人们最不愿意看到的,甚至说这种情况是市规划建设部门要极力避免的情况。但是不论是哪一种情况,这都会使得地下水的补给、径流、排泄形成很大的阻碍,严重影响地下水循环。而在施工过程中,本来就对地下水资源造成了污染,这种污染就是要依靠地下水的循环来对其进行稀释处理,最终达到自净的目的,但是这种循环被阻断或者说被严重影响的话,就会造成这种环境自净的能力严重下降,造成地下水被污染后一直难于变得干净,这对今后地下水资源的开发也埋下了一个严重的隐患。水资源保护和节约利用一直是一个全球问题,我国对地下水资源的开发和应用从来就没有停止过,假如某一天开发的地下水资源是已经被污染的地下水资源,这个后果将是十分严重的。

地表的建筑建成后,人们产生的一些生活垃圾等也会对地下水资源在构成污染,不过这些方面只要能够做到平时养成良好的生活习惯还是能够避免的,但是像地下工程这种类别的城市建筑却不仅于此了。每个地下工程建设完成运营后,每一天都会产生大量的污染物。像生活污水、车站冲洗的废水、污染了的空气、一些固体垃圾等,尽管这些污染物在工程设计的时候通过一定的管道被排出到地表,但是依旧会有一些渗入到地下,对城市地下水资源造成污染。这个方面有些难于处理,毕竟一个地下工程建设完成后,大量的人流、车辆也来来往往,工程建设完毕之后在运营方面就会出现许多的管理困难,对环境的管理要求更是需要一个高的标准,但这种高标准却会对设施的运营产生许多的不利影响,从经济角度考虑这是非常不划算的。比如车辆冲洗的废水,要避免进入潜水层就必须把这些污水进行一些后续处理,而一个洗车的小店不会拥有那么大的资本去建设一个把全部污水进行净化处理的系统。

3)我国地下水资源保护和法律调控的现状及存在的问题

目前,我国有关地下水资源保护的相关法律制度主要在《中华人民共和国环境保护法》《中华人民共和国水污染防治法》《水污染防治法实施细则》《中华人民共和国水法》等中有着不同程度的规定。《取水许可和水资源费征收管理条例》规定了对地下水开采实施总量控制同时通过水资源费征收机制控制地下水的开采;《饮用水水源保护区污染防治管理规定》专章规定了生活饮用水地下水源保护区的划分和防护。此外,还有一些关于保护地下水的地方性立法,如《河北省取水许可制度管理办法》《北京市城市自来水厂地下水源保护管理办法》《关于在苏锡常地区限期禁止开采地下水的决定》等。

由于地下水自身所具有的复杂性、隐藏性等特点,加之环境立法时的社会背景及社会关

系的发展变化等因素的影响,相对于地下水资源保护的现状,我国现有的相关法律制度存在着一些不容忽视的问题:

(1)根据《水法》《水污染防治法》,以及《城市地下水开发利用管理规定》的规定及实践情况,我国对地下水资源保护和开发利用拥有管理权的机构包括水利、城建、国土资源、环保等。为数众多的管理部门之间权力争夺严重,部门保护主义的倾向十分明显,难以统一和协调。一方面是大量的权力交叉与重叠,另一方面却存在相当的权力真空,这种状况对地下水资源的保护和合理开发利用十分不利。

(2)立法工作滞后,缺乏专门的地下水资源保护的法律法规,《水法》和《水污染防治法》在我国地下水资源保护方面显得力不从心与"软化",有关地下水资源保护的规定可操作性不强,过于原则,现有的关于地下水资源保护的法律制度大多为禁止、限制性规定,缺乏鼓励性规定,特别是《水法》中关于地下水资源保护的规定大多沦为生态性宣言。

(3)缺乏针对农村地下水资源保护的法律法规。农村用水尤其是农业生产用水在我国总用水量中占了极大的比重。农业生产中化肥和农药的使用,污水灌溉及不适当地开垦和砍伐行为也会对地下水资源造成不同程度的污染和破坏。纵观我国现有的相关法律制度,可以发现极少有针对农村地下水保护的法律法规。

(4)生活饮用水水源区所涵盖的保护地下水的范围过于狭窄。在我国现行的地下水保护的法律法规中,仅仅对生活饮用水地下水源区如何规划作出了法律规定,这不利于整个地下水资源的保护。

4)本工程施工重难点分析

(1)工程地质和水文地质条件复杂

工程地质和水文地质条件较差,软弱地层厚度大,节理、裂隙发育岩层较厚。地下水位高,涌水量大,而且水质易被污染。

(2)施工环境安全保护要求高

本工程地处居民区,周边建筑密集,管线繁多,施工条件十分复杂。控制与防止因基坑降水开挖而引发的地层失水、地表沉降、土体位移、周边管线位移、建筑物沉降等现象对周边环境造成不利影响和确保环境安全,是技术难点之一。

(3)施工难度大

本工程开挖深度约12m,面积2.94万m^2,开挖土方量约35万m^3,施工周期长,不可避免经历雨季施工。而深圳地区雨季时间长、暴雨强度高,施工难度大。

5)地下水综合利用对策

根据已经颁布实施的《绿色施工导则》及相关规程,特制定了本工程地下水资源保护的设计和施工的原则——"保护优先、合理抽取、防止污染、全过程综合利用",全过程综合利用对策如下所示:

(1)设计阶段对策

①尽量采用连续墙、护坡桩+桩间旋喷桩、水泥土桩+型钢等帷幕隔水方法,隔断地下水进入施工区域。

②采用帷幕隔水方法很难实施或者虽能实施,但增加的工程投资明显不合理的,可以采用管井、井点等方法进行施工降水。

③科学计算抽排水量,科学评估施工降水对施工安全、周边环境影响。确保安全的前提下,尽量少抽取地下水资源。

(2)施工阶段对策

①合理选择绿色施工工法和材料,减少施工对地下水的污染。

②科学统筹规划和高效管理,加快基础施工进度,有效减少地下水抽排量。

③综合利用多种措施,提高施工所抽取地下水资源使用效率。

(3)运营阶段对策

①科学地规划运营期地下水资源综合开发利用。

②综合利用多种措施,防止运营期城市生活污水、固体垃圾对地下水资源的污染。

9.3.5 节水措施

1)设计阶段对策

(1)基坑支护结构体系选型

为了减少对周边环境的影响,克服场地紧张的情况,采用地下连续墙方案,如图9-4所示。基坑深度12.5m,围护结构插入底板以下6m,主要在全风化花岗岩以及黏性土内。地下连续墙进入了基坑底下的弱透水层并基本切断了基坑内、外的水力联系,地下水只能通过弱透水层绕流过地下连续墙到达底板下,从而大量减少地下水抽排量,并且保证了基坑施工期周边环境安全。

(2)控制泄排水抗浮设计

本工程设计重大亮点是通过在底板下设置反滤层排泄一部分地下水,控制底板下地下水的压力,使地下车库的水浮力与结构自重及覆土重达到一定的平衡,从而解决抗浮问题。如此可减少投资2000多万,有利于基坑施工的安全也节约了工期3~4个月。

反滤层由土工布、粗砂、碎石层、盲管、隔离层组成,地下水进入立管、水平管、溢流池等排水体系中,从而形成了动水压,减小水浮力$Q_{浮}$,解决了地下结构的抗浮设计问题。同时,在车库地面南侧设一水池,将收集来的水用于整个小区的绿化灌溉和回灌地下水,达到水的循环利用,节约宝贵的地下水水资源。

该控制泄排水抗浮系统主要是通过优化动水压中的初始降低设计水头$h_{设}$,从而控制结构底板所受动水压力、泄水量大小和周边环境的影响。基于多次的有限元模拟试算和优化，最终本工程确定的 $h_{计}$ 值为 4.5m，运营期本工程的泄水量约为 400m³/d，距离围护结构 15m 处的长期沉降推算约为 13mm，满足周边环境保护的要求，并兼顾地下水资源节约要求。

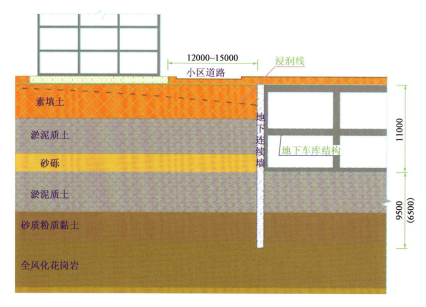

图 9-4　深基坑支护（尺寸单位：mm）

2）施工阶段环保措施

（1）施工方案优化

①降水方案。

基坑降水采用管井降水与基坑排水沟相结合的方法，主要采取坑内布置，18m 设降水井一处，共设降水井 60 口（图 9-5）。开挖前按照开挖顺序依次抽水，分级降水，一次降低水位 5m 以内，地下水降到基坑底开挖面以下 1m 深。

降水施工期间，在基坑外布设水位观察井和周边环境变形监测点，采取信息化施工，避免坑内地下水位下降过多，以保持基坑外地下水位，减小基坑周围地面沉降量，节约地下水资源。必要时采取回灌水的措施，以保护周边环境的安全。

②基坑开挖方案。

本工程基坑采用无内支撑和锚杆的逆作法施工方式，基坑土方开挖采用中心岛法，确保安全的前提下，加快施工进度，节约材料。先开挖中心岛范围内土方，中心岛范围内土方由南往北放坡开挖，挖掘机直接装运出土。中心岛范围内土方开挖完毕后，施工中心岛范围内车库结构，待中心岛范围内结构施工完毕后施工盖挖逆作段顶板，暗挖负一层、负二层土方，该部分土方开挖采用小型挖掘机配合小型自卸汽车进行挖土转运至出土口，出土口处土方采用挖掘机倒运出基坑。

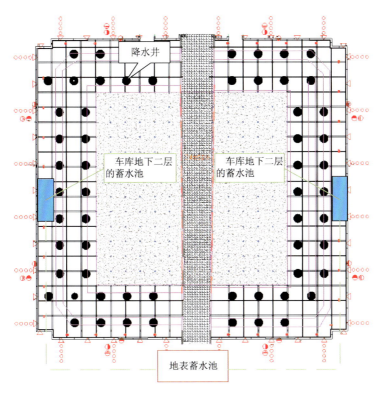

图 9-5 降水井及蓄水池平面

(2) 绿色施工工艺

随着我国城市化进程的加快,地下连续墙成槽泥浆(或灌注桩钻孔泥浆)已成为城市污染物的重要来源之一,引起了社会的广泛关注。本工程采用泥浆循环净化系统处理泥浆,该系统由循环池、沉淀池、制浆池、泥浆泵、泥浆净化装置等设施设备组成(图 9-6)。

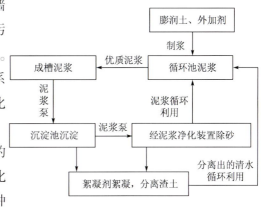

使用该系统对工程泥浆循环再生处理,节约了泥浆工程量和水资源。泥浆沉淀后经过固化处理,可供工程使用,也可与腐殖土混合用于种花,既经济又环保,又避免污染地下水资源。

图 9-6 工程泥浆处理工艺流程

(3) 施工期节水环保措施

施工期间的水污染主要是施工泥浆水、车辆冲洗水、生活污水、雨季地表径流等,在工程开工前完成工地排水和废水处理设施的建设。主要有以下措施:

①废水排入城市下水道,悬浮物执行《污水综合排放标准》(GB 8978—1996)中的三级标准 400mg/L。废水排入自然水体,悬浮物执行《污水综合排放标准》(GB 8978—1996)中

的二级标准 150mg/L。

②根据不同施工场地排水网的走向和过载能力,选择合适的排口位置和排放方式。

③在工程开工前,完成工地排水和废水处理设施的建设,并保证工地排水和废水处理设施在整个施工过程的有效性,做到现场无积水、排水不外溢、不堵塞、水质达标。

④泥浆水产生处设沉淀池,沉淀池的大小根据排水量和所需沉淀时间确定。

⑤在季节环保措施中,制订有效的雨季排水措施。

⑥考虑深圳市降雨较为集中的特点,制订雨季排水方案,避免废水无序排放堵塞城市下水道等污染事故发生的排水应急方案。

⑦施工现场设置专用油漆、料库,库房地面做防渗漏处理,储存、使用、保管专人负责,防止油料跑、冒、滴、漏污染土壤、水体。

本地下停车场总生活排水量为 $123m^3/d$,最大小时排水量为 $20.73m^3/h$。地下车库设地漏收集地面排水,在地下二层停车库设废水收集水坑,地下一层、地下二层的废水经地漏收集后排至地下二层的集水坑,再经污水提升泵排至检查井后排入市政排水管网。地下层机房废水经管道收集到集水井,以水泵提升至检查井后排入市政排水管网。废水排入城市下水道,悬浮物执行满足《污水综合排放标准》(GB 8978—1996)中的三级标准 400mg/L。

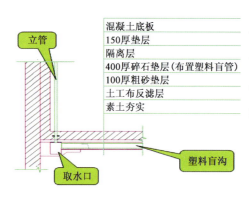

图9-7　底板反滤层设计

在车库地面南侧设一水池,将收集来工程地下水和雨水用于整个小区的绿化灌溉和回灌地下水。施工现场设置专用油漆、料库,库房地面做防渗漏处理,防止油料跑、冒、滴、漏污染土壤、地下水体。

3)运营阶段措施

(1)底板反滤层设计

通过底板的土工布反滤层(图9-7),地下水进入了碎石层内的塑料盲管,塑料盲管将地下水汇集到底板周边的8处取水口内,有压的地下水在水压的作用下进入立管。

当渗流进来的地下水压力达到一定的量值时,立管里的水进入了水平管内,流入了东西两侧的水池中。因此,渗流的地下水压力不会超过立管顶的水压,通过水泵,将水池内的水抽到地面的蓄水池内。蓄水系统及蓄水池的布置如图9-8和图9-9所示。

在车库地面的南侧设一水池,将收集来的水用于整个小区的绿化灌溉和回灌地下水,达到水的循环利用,节约宝贵的水资源。

(2)饮用水的净化

工程水的处理措施一般分为三个等级:

①将抽取的地下水或一般工程用水直接排放掉,不采取任何措施,在一定程度上可以节约成本。

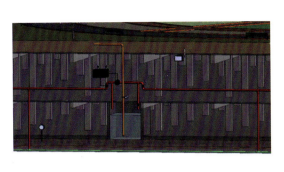 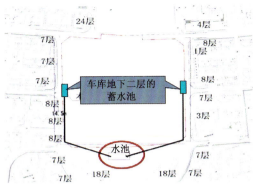

图 9-8　蓄水设计系统图　　　　　　图 9-9　车库地下二层的蓄水池布置

②对地下水采用一定的措施进行一般性处理,使得地下水可以直接用于浇花、灌溉或净化为其他非食用性用水。

③综合利用地下水,积极推进工程地下水的整治和利用,通过一系列的过滤、净化、灭菌措施,使地下水达到食用水标准。

本工程地下水净化直饮系统其主要工艺流程如图 9-10 所示:地下水加压送至预处理系统粗过滤,再进入精密过滤器过滤后,通过一级高压泵加压送至一级反渗透系统,该系统产出的水再由二级高压泵加压送至二级反渗透系统,生产出成品水,称之为双级反渗透。

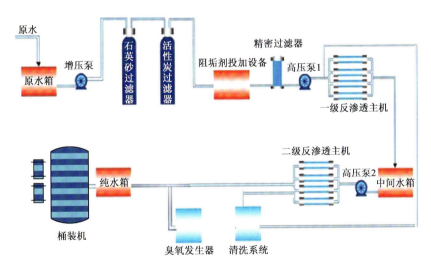

图 9-10　地下水净化直饮系统工艺流程

该系统主要由两部分构成:超滤预处理系统和二级反渗透淡化系统。

①超滤预处理系统。预处理的主要目的是去除水中的悬浮物、胶体、色度、浊度、有机物等妨碍后续反渗透装置运行的杂质。预处理主要包括预处理加药装置、地下水泵、地下水反应沉淀池、清水池、地下水升压泵、自清洗过滤器及超滤装置。

②地下水 RO 系统。反渗透系统是本流程中最主要的脱盐装置,它具有极高脱盐能力。地下水淡化 RO 系统按 3 套配置,每套包括阻垢剂加药装置、5μ 保安过滤器、高压泵、反渗透膜组件、能量回收装置、管道、阀门、附件及工艺系统所需的监测控制仪表、信号变送器和就地控制盘,并包括反渗透清洗系统、水冲洗系统、不锈钢管式药品混合器等。

本工程二级反渗透地下水淡化除盐水系统处理能力为 1.75m³/h,经过处理后的产水水质达到国家直饮水的水质标准,可满足附近近 20000 人的饮水问题。其运行费用及成本核算如表 9-1 所示。

饮用水净化运行费用及成本　　　　　表 9-1

序号	名称	使用寿命	价格(元)	10 年总费用	元/t	元/(人·d)	元/(人·月)
1	设备	≥10 年	580000	580000			
2	RO 膜	≥3 年	102968	205936			
3	石英砂	≥3 年	590	1180			
4	活性炭	≥3 年	2848	5696			
5	超滤膜	≥3 年	6414	12828			
6	PP 棉	≥3 月	518	20202			
附:处理能力为 1.75m³/h,人均需水量按 1.6L/(人·d)计算。							
			总价	825842	5.65	0.024	0.72

图 9-11　纯净水净化

本工程对抽取出的地下水进行软化、纯化等措施,使其可直接做成饮用矿泉水(图 9-11),此举既减小了环境污染、净化了地下空间,又减少了投资,同时地下水也可以用于地面绿化景观工程、实现循环使用,符合国家提倡的节约、环保、可持续发展的政策。

水质检验标准如图 9-12 所示。

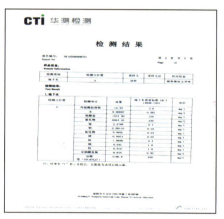

图 9-12　水质检测报告

9.4 施工照片

施工照片见图 9-13 ~ 图 9-16。

图 9-13　地下水就地循环利用(一)

图 9-14　地下水就地循环利用(二)

图 9-15　地下水就地循环利用(三)

图 9-16　水处理循环过滤系统全景

参 考 文 献

[1] 中华人民共和国住房和城乡建设部.GB 50009—2012 建筑结构荷载规范[S].北京:中国建筑工业出版社,2012.

[2] 中华人民共和国住房和城乡建设部.GB 50652—2011 城市轨道交通地下工程建设风险管理规范[S].北京:中国建筑工业出版社,2011.

[3] 高大钊.岩土工程勘察与设计:岩土工程疑难问题答疑笔记整理之二[M].北京:人民交通出版社,2010.

[4] 中华人民共和国住房和城乡建设部.GB 50497—2009 建筑基坑工程监测技术规范[S].北京:中国建筑工业出版社,2009.

[5] 中华人民共和国住房和城乡建设部.GB 50069—2002 给水排水工程构筑物结构设计规范(2009年版)[S].北京:中国建筑工业出版社,2009.

[6] 中华人民共和国住房和城乡建设部.JGJ 72—2004 高层建筑岩土工程勘察规程[S].北京:中国建筑工业出版社,2004.

[7] 吴吉,春薛禹.地下水动力学[M].北京:中国水利水电出版社,2009.

[8] 李国强,黄宏伟,吴迅,等.工程结构荷载与可靠度设计原理[M].3版.北京:中国建筑工业出版社,2005.

[9] 毛超熙.渗流计算分析与控制[M].北京:中国水利水电出版社,2003.

[10] 北京城建设计研究总院.GB 50157—2003 地铁设计规范[S].北京:中国计划出版社,2002.

[11] 张在明.地下水与建筑基础工程[M].北京:中国建筑工业出版社,2001.

[12] 史佩栋,高大钊,桂业琨.高层建筑基础工程手册[M].北京:中国建筑工业出版社,2000.

[13] 李中斌.风险管理解读[M].北京:石油工业出版社,2000.

[14] 覃亚伟.大型地下结构泄排水减压抗浮控制研究[D].武汉:华中科技大学,2013.

[15] 吴斌.地下结构物抗浮设计初探[D].广州:华南理工大学,2003.

[16] Wong I H. Methods of Resisting Hydrostatic Uplift in Substructures[J]. Tunnelling and

Underground Space Technology,2001,16(2):77-86.

[17] Chang D T T, Wu J Y, Nieh Y C. Use of Geosynthetics in the Uplift Pressure Relief System for a Raft Foundation[J]. ASTM Special Technical Publication,1996,1281(1):196-210.

[18] 李惠强.高层建筑施工技术[M].北京:中国建筑工业出版社,2005.

[19] 柳建国,刘波.建筑物的抗浮设计与工程技术[J].工业建筑,2007,37(4):1-5.